Diese Mitteilungen setzen eine von Erich Regener begründete Reihe fort, deren Hefte am Ende dieser Arbeit genannt sind.

Bis Heft 19 wurden die Mitteilungen herausgegeben von J. Bartels und W. Dieminger. Von Heft 20 an zeichnen W. Dieminger, A. Ehmert und G. Pfotzer als Herausgeber.

Das Max-Planck-Institut für Aeronomie vereinigt zwei Institute, das Institut für Stratosphärenphysik und das Institut für Ionosphärenphysik.

Ein **(S)** oder **(I)** beim Titel deutet an, aus welchem Institut die Arbeit stammt.

Anschrift der beiden Institute:

3411 Lindau

LÖSUNG VON BEWEGUNGSGLEICHUNGEN UND KONTINUITÄTSGLEICHUNG DER F-SCHICHT MIT SPEZIELLEN ANWENDUNGEN AUF ERDMAGNETISCHE BAISTÖRUNGEN

von

RÜDIGER RÜSTER

ISBN 978-3-540-03932-7 ISBN 978-3-642-87380-5 (eBook)
DOI 10.1007/978-3-642-87380-5

Inhaltsverzeichnis

Erklärung der häufig verwendeten Symbole

$\underline{B}$: Flußdichte des Erdmagnetfeldes,

D_a : ambipolare Diffusionskonstante,

D_o : konstanter Faktor von D_a (s. Gleichung 41),

$\underline{E}$: elektrische Feldstärke,

F_i : vertikaler Ionenfluß,

H_i : Skalenhöhe des atomaren Sauerstoffs,

k : Boltzmann - Konstante,

L : Rekombinationsverluste,

m : Teilchenmasse,

μ : reduzierte Masse,

N : Teilchenzahldichte,

N_m : maximale Elektronendichte,

ν : Stoßzahl,

ω : Gyrokreisfrequenz,

Q : Ionen-Produktion,

ρ : Massendichte,

S : Energiefluß der solaren Strahlung auf 10, 7 cm Wellenlänge, gemessen in $10^{-22} W/m^2 Hz$,

T : Temperatur,

ϑ : Inklination des Erdmagnetfeldes,

$\underline{v}$: mittlere Driftgeschwindigkeit,

$\underline{w}$: Winkelgeschwindigkeit der rotierenden Erde,

Y_m : halbe Schichtdicke einer parabolischen Approximation des Schichtmaximums,

z_m : Höhe des Schichtmaximums.

1. Einleitung

Zwischen erdmagnetischen und ionosphärischen Erscheinungen besteht ein enger Zusammenhang. Während erdmagnetischer Baistörungen, d.h. kurzzeitiger Variationen des Erdmagnetfeldes, werden Höhenänderungen der Ionosphärenschichten beobachtet [KAMIYAMA 1956; BECKER 1958; KOHL 1960]. Als Ursache dieser Bewegungen werden elektrische und magnetische Kräfte angenommen. Theoretisch wird das dynamische Verhalten der F-Schicht, der höchsten Schicht der Ionosphäre, unter dem Einfluß elektrischer und magnetischer Felder durch die Bewegungsgleichungen für ein Plasma im Neutralgas und die damit gekoppelten Kontinuitätsgleichungen beschrieben.

KOHL [1960] löste das Bewegungsgleichungssystem zur theoretischen Beschreibung erdmagnetischer Baistörungen für ein höhenunabhängiges Plasma ohne Kontinuitätsgleichung unter dem Einfluß eines magnetischen und eines elektrischen Feldes, das er als Sprungfunktion ansetzte. In Weiterführung der Arbeit von KOHL [1960] berücksichtigte RÜSTER [1965] die Ergebnisse von DOUGHERTY [1961], indem er annahm, daß das Neutralgas durch die vertikale Bewegung des Plasmas nicht in seinem atmosphärischen Gleichgewicht gestört wird. Unter dem Einfluß eines konstanten magnetischen und eines zeitlich beliebig veränderlichen elektrischen Feldes löste er die höhenunabhängigen Bewegungsgleichungen für Ionen, Elektronen und Neutralgasteilchen numerisch und näherungsweise analytisch. Die Arbeit vermochte jedoch nicht, das Verhalten der Ionosphäre während nächtlicher Baistörungen im einzelnen zu erklären. Es wurde vermutet, daß die Annahmen zu speziell waren, d.h., daß die Höhenabhängigkeit der Elektronen- und der Neutralgasdichte, sowie der Einfluß der Schwerkraft und der Diffusion aufgrund von Konzentrationsgradienten berücksichtigt werden sollten. Das ist in der vorliegenden Arbeit geschehen. Diese allgemeineren Voraussetzungen hatten jedoch zur Folge, daß das die Bewegung beschreibende Differentialgleichungssystem partiell und quasilinear wurde.

Auf entsprechende Arbeiten in der Literatur konnte nicht zurückgegriffen werden, da sich andere Autoren, wie z.B. DOUGHERTY [1961], RISHBETH und BARRON [1960], HANSON und PATTERSON [1964] teils auf höhenunabhängige teils auf stationäre Vorgänge beschränkten. Parallel zu dieser Arbeit liefen die Untersuchungen von STUBBE [1966] über die theoretische Beschreibung des Verhaltens der nächtlichen F-Schicht. Er löste die nichtstationäre Kontinuitätsgleichung und berücksichtigte schrittweise die Neutralgasbewegung in Nord-Süd-Richtung.

Im Gegensatz zu den langzeitigen Änderungen der Ionosphäre in den Untersuchungen von STUBBE [1966] handelt es sich bei Baistörungen um kurzzeitige Variationen. Unter weiteren allgemeineren Annahmen wie Zulassung beliebiger horizontaler Neutralgaswinde, Berücksichtigung der Corioliskraft ergibt sich hier zur Beschreibung dieser Bewegungsvorgänge ein quasilineares, partielles, gekoppeltes Differentialgleichungssystem aus zwei vektoriellen und einer skalaren Gleichung.

Zur Lösung dieses Systems und zur Interpretation der Ergebnisse soll in Fortsetzung der Untersuchungen von RÜSTER [1965] folgendermaßen vorgegangen werden:

1.) Die Bewegungsgleichungen für ein Ionen-Neutralgasteilchen-Gemisch und die damit gekoppelte zeitabhängige Kontinuitätsgleichung werden allgemein hergeleitet und die verschiedenen Voraussetzungen im einzelnen diskutiert. Im Gegensatz zu den früheren Untersuchungen wird nun die Höhenabhängigkeit der Elektronendichte, des Neutralgases und der verschiedenen Geschwindigkeiten berücksichtigt. Die Bewegung dieses inhomogenen Plasmas in einem Neutralgas wird unter dem Einfluß von Ionenproduktion, Rekombinationsverlusten, Diffusion und elektromagnetischen Driften, als deren Ursache erdmagnetische Baistörungen angesehen werden, betrachtet. Unter der Annahme einer nichtisothermen Atmosphäre und unter der Wirkung der inneren Reibung und der Corioliskraft der Neutralgasteilchen wird der Einfluß dieser Plasmadriften auf die Bewegung des Neutralgases und die Rückwirkung dieser Winde auf die Ionenbewegung berücksichtigt.

2.) Für das nichtlineare partielle Differentialgleichungssystem 1. Ordnung in der Zeit und 2. Ordnung in der Höhe, das die oben erwähnten Vorgänge beschreibt, werden die Lösungsverfahren von Ritz und Galerkin [KANTOROWITSCH und KRYLOW 1956] hergeleitet und diskutiert.

3.) Mit Hilfe der elektronischen Rechenanlage IBM 7040 wird das Differentialgleichungssystem numerisch nach dem Verfahren von Galerkin gelöst.

4.) Im Kapitel 5 wird die Abhängigkeit der Lösungen von verschiedenen ionosphärischen Parametern diskutiert. Am Beispiel zweier erdmagnetischer Baistörungen werden die theoretisch und experimentell gewonnenen Ergebnisse verglichen. Eine kritische Betrachtung der möglichen Fehlerquellen schließt sich dem Vergleich zwischen Theorie und Experiment an.

Die gefundene Lösung der Bewegungsgleichungen für ein inhomogenes Plasma im Neutralgas, das unter dem Einfluß von Schwerkraft, Diffusion und äußeren elektromagnetischen Kräften steht, gilt natürlich ganz allgemein, d.h., daß sie sich nicht auf die speziellen Anwendungsbeispiele beschränkt.

2. Aufstellung der Bewegungsgleichungen und der Kontinuitätsgleichung für ein Plasma im Neutralgas

1.) Die allgemeinen Bewegungsgleichungen der Hydrodynamik lauten [WEIZEL 1955] :

$$\rho \frac{d\underline{v}}{dt} = \sum_{\nu} \underline{k}_{\nu} - \text{grad } p + \frac{\eta}{3} \text{ grad div } \underline{v} + \eta \, \Delta \underline{v} \; . \qquad (1)$$

Hinzu kommt noch die Kontinuitätsgleichung:

$$\frac{\partial \rho}{\partial t} + \text{div } (\rho \underline{v}) = m \, (Q - L) \qquad (2)$$

$\underline{v} = (v_x, v_y, v_z)$ = Strömungsgeschwindigkeit, ρ = Massendichte,
$\underline{k}$ = äußere Volumenkräfte, p = Partialdruck,
η = Zähigkeit, m = Masse,
Q = Produktion, L = Verluste.

Alle Bewegungsvorgänge in einer Flüssigkeit, die unter der Wirkung der äußeren Kräfte $\underline{k}_{\nu}$ steht, werden durch die Gleichungen (1) und (2) beschrieben. Um sie auf verdünnte Gase anwenden zu dürfen, muß die Zeit zwischen zwei Teilchenzusammenstößen klein sein gegen die Zeitspanne, in der sich makroskopische Größen verändern. Diese Voraussetzung ist, wie die folgenden Ausführungen zeigen werden, für die Ionosphäre gut erfüllt. Für ein Gasgemisch aus Elektronen, Ionen und Neutralgasteilchen ergeben sich damit drei vektorielle Bewegungsgleichungen, die durch die nun auftretenden Reibungskräfte $\underline{k}^{(r)}$ zwischen je zwei Komponenten des Gasgemisches untereinander gekoppelt sind, und drei skalare Kontinuitätsgleichungen.

Da die Masse der Elektronen im Verhältnis zu der der Ionen verschwindend klein ist, würden die Rechnungen für ein Ionen-Elektronen-Neutralgasteilchen-Gemisch auch ohne den Einschluß der Elektronen praktisch zu demselben Ergebnis führen. Die Vernachlässigung der Elektronen bedeutet physikalisch daher keine starke Einschränkung. Die Gleichungen für die Elektronen, die völlig analog zu denen der Ionen aufgebaut sind, werden daher im folgenden weggelassen. Im Abschnitt 3 dieses Kapitels wird noch kurz auf diese Elektronengleichungen eingegangen und der Einfluß der ambipolaren Diffusion nachträglich in der Ionengleichung (3a) berücksichtigt. (Die Indizes i, n beziehen sich auf Ionen bzw. Neutralgasteilchen).

$$\rho_i \frac{d\underline{v}_i}{dt} = \sum_\nu \underline{k}_{i\nu} - \underline{k}_{in}^{(r)} - \text{grad } p_i + \frac{\eta_i}{3} \text{grad div } \underline{v}_i + \eta_i \Delta \underline{v}_i , \tag{3a}$$

$$\rho_n \frac{d\underline{v}_n}{dt} = \sum_\nu \underline{k}_{n\nu} - \underline{k}_{ni}^{(r)} - \text{grad } p_n + \frac{\eta_n}{3} \text{grad div } \underline{v}_n + \eta_n \Delta \underline{v}_n , \tag{3b}$$

$$\frac{\partial \rho_i}{\partial t} + \text{div } (\rho_i \underline{v}_i) = (Q_i - L_i) m_i , \tag{3c}$$

$$\frac{\partial \rho_n}{\partial t} + \text{div } (\rho_n \underline{v}_n) = 0 . \tag{3d}$$

Korrekterweise müßte die rechte Seite der Gleichung (3d) $-m_i (Q_i - L_i)$ lauten. Dieser Term kann jedoch erst nach ca. 10^6 Sekunden die Verteilung des um den Faktor 10^3 dichteren Neutralgases verändern, so daß er, ohne einen Fehler zu machen, vernachlässigt werden kann.

2.) Folgende zusätzliche Annahmen und Voraussetzungen werden gemacht:

Beide Komponenten des Gasgemisches mögen näherungsweise der allgemeinen Zustandsgleichung für ideale Gase gehorchen:

$$p = N k T , \tag{4}$$

wobei weiter angenommen wird, daß ihre Temperaturen gleich sind

$$T_i = T_n . \tag{5}$$

Horizontale Gradienten werden vernachlässigt, d.h., die Größen $\underline{v}$ und ρ in (3) sowie Temperatur T und Teilchenzahldichte N sind nur Funktionen der Höhe z und der Zeit t:

$$\underline{v} = \underline{v}(z, t) ; \quad \rho = \rho(z, t) ; \quad T = T(z, t) ; \quad N = N(z, t) . \tag{6}$$

In Kapitel 4.1 wird nachträglich noch der Einfluß eines Gradienten der Elektronendichte in Ost-West-Richtung berücksichtigt.

Die in (3) auftretenden äußeren Kräfte $\underline{k}_\nu$ setzen sich aus solchen mechanischen $\underline{k}_\nu^{(m)}$ und solchen elektromagnetischen Ursprungs $\underline{k}_\nu^{(e)}$ zusammen.

Im folgenden werden sie zusammen mit weiteren Voraussetzungen getrennt für Ionen (Abschnitt 3) und Neutralgasteilchen (Abschnitt 4) diskutiert.

3.) Die in der Ionengleichung (3a) auftretenden Kräfte sollen nun im einzelnen diskutiert werden:

a) $\underline{k}_{in}^{(r)}$ ist die auf die Volumeneinheit bezogene Reibungskraft, die die Neutralgasteilchen auf die Ionen ausüben. Ist ν_{in} die Zahl der als elastisch angenommenen Stöße in der Zeiteinheit, die ein bestimmtes Ion mit den Neutralgasteilchen ausführt, so gilt für $\underline{k}_{in}^{(r)}$:

$$\underline{k}_{in}^{(r)} = 2 \mu_{in} N_i \nu_{in} (\underline{v}_i - \underline{v}_n) \qquad \text{mit } \mu_{in} = \frac{m_i m_n}{m_i + m_n} . \tag{7}$$

b) Als Volumenkräfte mechanischen Ursprungs wirken die Schwerkraft $\rho_i \underline{g}$ und die Corioliskraft $-2 \rho_i (\underline{w} \times \underline{v}_i)$, wenn $\underline{w}$ die Winkelgeschwindigkeit der rotierenden Erde ist.

$$\underline{k}_i^{(m)} = \rho_i \underline{g} - 2 \rho_i (\underline{w} \times \underline{v}_i) . \tag{8}$$

c) Kräfte elektromagnetischen Ursprungs sind die Lorentzkraft des permanenten Erdmagnetfeldes $e(\underline{v}_i \times \underline{B})$ und die elektrische Kraft $e\underline{E}$, wie sie bei Baistörungen auftritt (s. Kapitel 5.3):

$$\underline{k}_i^{(e)} = e N_i (\underline{E} + \underline{v}_i \times \underline{B}) . \tag{9}$$

d) Die innere Reibung der Ionen wird nicht berücksichtigt, da der Impulsaustausch in erster Linie nur mit dem um den Faktor 10^3 dichteren Neutralgas stattfindet.

e) Um den Einfluß der ambipolaren Diffusion in der Bewegungsgleichung (3a) der Ionen zu berücksichtigen, werden die Ionengleichung (3a) und die analog aufgebaute Elektronengleichung addiert. Als äußere Kräfte sollen die Schwerkraft $\rho \underline{g}$ und die elektrische Kraft $e N_i \underline{E}_p$ wirken. $\underline{E}_p$ sei das Polarisationsfeld, das Strömen $e N_i (v_{zi} - v_{ze})$ entgegenwirkt, so daß $v_{zi} = v_{ze}$ angenommen werden kann. Zusätzlich wird die übliche Voraussetzung gemacht, daß die Ionen einfach geladen sind, und daß die Raumladung der Ionosphäre null ist, d.h.

$$N_i = N_e .$$

Ist

$$\underline{g} = (0, 0, -g) ,$$

dann ergibt sich unter Berücksichtigung von $\rho_e \ll \rho_i$ (e : Index für die Elektronen) für die z-Komponente:

$$\rho_i \frac{dv_{zi}}{dt} = + e N_i E_p - \rho_i g + (-\underline{k}_{ie}^{(r)} - \underline{k}_{in}^{(r)} - \text{grad } p_i)_z$$

$$+ \rho_e \frac{dv_{ze}}{dt} = - e N_e E_p - \rho_e g + (+\underline{k}_{ie}^{(r)} - \underline{k}_{en}^{(r)} - \text{grad } p_e)_z$$

$$\rho_i \frac{dv_{zi}}{dt} = - \rho_i g + (- \underline{k}_{in}^{(r)} - \text{grad } (p_i + p_e))_z .$$

Es zeigt sich also, daß man den Druckgradienten des Elektronengases nicht vernachlässigen darf, wenn man den Einfluß der ambipolaren Diffusion in den Bewegungsgleichungen der Ionen berücksichtigt. Damit wird in Gleichung (3a) unter Berücksichtigung von (6) grad p_i modifiziert zu

$$\text{grad } (p_i + p_e) = r \text{ grad } p_i \qquad \text{mit } r = 1 + \frac{T_e}{T_i} . \tag{10}$$

4.) Folgende zusätzliche Voraussetzungen werden für das Neutralgas gemacht:

Der Gleichgewichtszustand der Atmosphäre, die aufgrund der Voraussetzung (6) als horizontal geschichtet angenommen wird, wird beschrieben durch:

$$\frac{\partial p_n}{\partial x} = \frac{\partial p_n}{\partial y} = 0 , \quad \frac{\partial p_n}{\partial z} = - \rho_n g .$$

Tritt eine Vertikalgeschwindigkeit der Ionen auf, so wirkt eine Reibungskraft $k^{(r)}$, die proportional $(v_{zn} - v_{zi})$ ist, auf das Neutralgas und verändert damit die horizontale Schichtung der Atmosphäre. Aus den Rechnungen von DOUGHERTY [1961] jedoch ergibt sich, daß sich nach kurzer Zeit ein neuer Gleichgewichtszustand gemäß

$$\rho_n' g + \frac{\partial p_n'}{\partial z} + k^{(r)} = 0$$

einstellt, so daß schon eine geringfügige Änderung der Verteilung von Dichte und Druck ausreicht, um den Reibungsterm zu kompensieren. Derartige geringfügige Variationen werden vernachlässigt und das Neutralgas in vertikaler Richtung als unbeweglich angesehen. Dementsprechend wird generell

$$v_{zn} = 0 \quad \text{und} \quad \text{grad } p_n = \rho_n \underline{g} \tag{11}$$

gesetzt und damit die z-Komponente der Neutralgasgleichung (3b) weggelassen. Neutralgasbewegungen infolge von zeitlichen Temperaturvariationen sind während der relativ kurzen Dauer erdmagnetischer Baistörungen vernachlässigbar.

Aus (11) folgt mit der Voraussetzung (6) $\underline{v} = \underline{v}(z, t)$

$$\text{div } \underline{v}_n = 0 \quad \text{und somit} \quad \frac{\eta_n}{3} \text{ grad div } \underline{v}_n = 0 . \tag{12}$$

Infolge dieser Annahmen wird die Kontinuitätsgleichung des Neutralgases trivial:

$$\frac{\partial \rho_n}{\partial t} + \text{div}(\rho_n \underline{v}_n) = \frac{\partial \rho_n}{\partial t} + \rho_n \text{div } \underline{v}_n + \underline{v}_n \text{ grad } \rho_n = \frac{\partial \rho_n}{\partial t} + \underline{v}_n \text{ grad } \rho_n = 0 .$$

Aus (11) und aus der Vernachlässigung von Horizontalgradienten folgt schließlich:

$$\frac{\partial \rho_n}{\partial t} = 0 .$$

Das ist jedoch nur eine andere Formulierung der obigen Annahmen: horizontalgeschichtete Atmosphäre und $v_{zn} = 0$ [DOUGHERTY 1961] .

Analog zum Abschnitt 3 lauten die in Gleichung (3b) auftretenden Kräfte :

a) $\underline{k}_{ni}^{(r)}$ ist die auf die Volumeneinheit bezogene Reibungskraft, die die Ionen auf die Neutralgasteilchen ausüben:

$$\underline{k}_{ni}^{(r)} = 2\mu_{in} N_i \nu_{in} (\underline{v}_n - \underline{v}_i) .$$

b) Als Kraft mechanischen Ursprungs $\underline{k}_n^{(m)}$ bleibt nur die Corioliskraft

$$\underline{k}_n^{(m)} = - 2 \rho_n (\underline{w} \times \underline{v}_n) , \tag{13}$$

da die Schwerkraft im vorausgesetzten atmosphärischen Gleichgewicht gerade durch den Druckgradienten kompensiert wird (11) .

5.) Mit den in Abschnitt 2, 3 und 4 gemachten zusätzlichen Voraussetzungen und Annahmen lautet das Bewegungsgleichungssystem (3) jetzt:

$$\rho_i \frac{d\underline{v}_i}{dt} + 2\mu_{in} N_i \nu_{in} (\underline{v}_i - \underline{v}_n) = \rho_i \underline{g} - 2\rho_i (\underline{w} \times \underline{v}_i) - r \text{ grad } p_i + e N_i (\underline{E} + \underline{v}_i \times \underline{B}), \quad (14a)$$

$$\rho_n \frac{d\underline{v}_n}{dt} + 2\mu_{in} N_i \nu_{in} (\underline{v}_n - \underline{v}_i) = -2\rho_n (\underline{w} \times \underline{v}_n) + \eta_n \Delta \underline{v}_n, \quad (14b)$$

$$\frac{\partial N_i}{\partial t} + \text{div} (N_i \underline{v}_i) = Q_i - L_i . \quad (14c)$$

Mit der Lösung dieses Differentialgleichungssystems, das die Bewegung eines Ionengases in einem Neutralgas unter dem Einfluß äußerer mechanischer und elektromagnetischer Kräfte beschreibt, beschäftigen sich die beiden folgenden Kapitel.

3. Darstellung der Verfahren von Ritz und Galerkin

Bevor das System (14), bei dem es sich um ein Anfangswertproblem in der Zeit und ein Randwert - problem im Ort handelt, unter einer zusätzlichen Annahme nach dem im folgenden näher erläuterten Verfahren von Galerkin gelöst wird, sei noch auf drei weitere Lösungsmethoden hingewiesen. Das Charakteristiken- sowie das Quasicharakteristikenverfahren und die Methode zum Auffinden von Ähnlichkeitslösungen wurden auf das obige System ohne Berücksichtigung der inneren Reibung angwendet. Da diese Anwendbarkeit und das Konvergenzverhalten der verschiedenen Methoden für ähnliche Probleme von Interesse ist, soll im Anhang kurz auf diese Verfahren eingegangen werden.

Das Verfahren von Ritz [KANTOROWITSCH et al. 1956] geht davon aus, daß man die Lösungen von Randwertproblemen für verschiedene Typen von gewöhnlichen und partiellen Differentialgleichungen findet, wenn man eine Minimumaufgabe eines Integrals löst. Dazu soll zunächst der Zusammenhang zwischen Variationsproblem und der zugehörigen Eulerschen Gleichung aufgezeigt werden. Hat man ein Funktional, d.h. ein Integral der Form

$$I\,[y] = \int_a^b F(y', y, x)\, dx , \quad (15)$$

wobei $y(x)$ und F stetig differenzierbare Funktionen seien, unter bestimmten Bedingungen für $y(x)$ auf dem Rand des Integrationsintervalls zu einem relativen Minimum zu machen, so ergibt die Rechnung, daß $y(x)$ der Differentialgleichung

$$L\,[y] = \frac{d}{dx}\left(\frac{\partial F}{\partial y'}\right) - \frac{\partial F}{\partial y} = 0 \quad (16)$$

gehorchen muß. Dies ist die Eulersche Differentialgleichung des obigen Variationsproblems. Zur Lösung einer Differentialgleichung kann man daher auch so vorgehen, daß man die Funktion $y(x)$ sucht, die das entsprechende Funktional (15) zu einem Minimum macht; $y(x)$ erfüllt dann auch die ursprüngliche Differentialgleichung. Zur approximativen Lösung dieses Problems hat Ritz folgendes Verfahren angewendet: Es sei $y_o(x)$ die exakte Lösung und $I\,[y_o] = m$ das Minimum von (15). Läßt sich eine Funktionenfolge $y_n(x)$ angeben, die den vorausgesetzten Randbedingungen genügt, und für die $I\,[y_n]$ gegen m konvergiert, so strebt $y_n(x)$ gegen die exakte Lösung $y_o(x)$ der Differentialgleichung. Dazu macht man den Ansatz:

$$y_n(x, a_1, a_2, \ldots, a_n) = \sum_{i=1}^{n} a_i \, \psi_i(x) . \quad (17)$$

Die Ansatzfunktionen Ψ_i $(i = 1,.., n)$ werden so vorgegeben, daß sie die geforderten Randbedingungen erfüllen. Für die praktische Anwendung ist es wesentlich, die Ψ_i so zu wählen, daß sie die zu erwartende Lösung möglichst gut annähern. Je besser die Annäherung ist, desto weniger Funktionen reichen für eine bestimmte Genauigkeit aus. Die Folge der Funktionenscharen $y_n(x, a_1, \ldots, a_n)$ muß vollständig sein, d.h., daß jede beliebige zulässige Funktion einschließlich ihrer Ableitungen durch eine Funktion aus den gegebenen Scharen beliebig genau approximiert werden kann. - Setzt man (17) in (15) ein, so wird I eine Funktion der n Variablen $a_1, .., a_n$. Die Minimumbedingung für $I(a_1, a_2, \ldots, a_n)$ lautet dann:

$$\frac{\partial I}{\partial a_k} = \int_a^b \frac{\partial}{\partial a_k} F\left(y'(x, a_1, .., a_n), y(x, a_1, .., a_n), x\right) dx = 0, \qquad k = 1, \ldots, n. \tag{18}$$

Setzt man die sich aus (18) ergebenden $\bar{a}_i$ in (17) ein, so lautet die approximative Lösung in der n-ten Näherung:

$$y_n(x, \bar{a}_1, .., \bar{a}_n) = \sum_{i=1}^{n} \bar{a}_i \, \Psi_i(x) . \tag{19}$$

Am Beispiel der selbstadjungierten Differentialgleichung 2. Ordnung soll nun die Galerkinsche Form der Ritzschen Gleichungen (18) diskutiert werden. Es sei $L[y]$ nach (16):

$$L[y] = -\frac{d}{dx}(py') + q(x)\,y - r(x) = -\frac{d}{dx}\left(\frac{\partial F}{\partial y'}\right) + \frac{\partial F}{\partial y} = 0 . \tag{20}$$

Die Randbedingungen sollen zunächst homogen sein. Dann ergibt sich für $F(y', y, x)$:

$$2\,F(y', y, x) = p(x)\,y'^2 + q(x)\,y^2 - 2\,r\,y$$

und für das Variationsproblem

$$I[y] = \int_a^b (p\,y'^2 + q\,y^2 - 2\,r\,y)\,dx .$$

Mit (17) lautet das Gleichungssystem zur Bestimmung der a_i:

$$1/2\,\frac{\partial}{\partial a_i} I[y_n] = \int_a^b (py'_n\,\Psi'_i + qy_n\,\Psi_i - r\,\Psi_i)\,dx = 0, \quad i = 1,.., n .$$

Integriert man partiell, so erhält man unter Berücksichtigung der Voraussetzung, daß die Ψ_i die Randbedingungen erfüllen:

$$\int_a^b (p\,y'_n\,\Psi'_i + q\,y_n\,\Psi_i - r\,\Psi_i)\,dx = \int_a^b \left(-\frac{d}{dx}(py'_n) + qy_n - r\right)\Psi_i\,dx .$$

Mit (20) ergeben sich daraus die Galerkinschen Gleichungen

$$\int_a^b L[y_n]\,\Psi_i\,dx = \int_a^b L\Big[\sum_j a_j\,\Psi_j(x)\Big]\,\Psi_i(x)\,dx = 0, \quad i = 1,.., n . \tag{21}$$

Diese Gleichungen lassen sich in analoger Weise auch für beliebige lineare inhomogene Randbedingungen ableiten. Man hat dann (17) abzuändern in:

$$y_n(x, a_1, \ldots, a_n) = \Psi_o(x) + \sum_i a_i \; \Psi_i(x) \; , \tag{22}$$

wobei $\Psi_o(x)$ so gewählt wird, daß die inhomogenen Randbedingungen erfüllt sind, während die linear unabhängigen $\Psi_i(x)$ die zugehörigen homogenen Randbedingungen befriedigen. Die Galerkinschen Gleichungen zur Bestimmung der a_i des Näherungsansatzes (17) erhält man also, wenn man in die Differentialgleichung den Näherungsansatz einführt, die Gleichung der Reihe nach mit einer der Näherungsfunktionen multipliziert und das Produkt über den Bereich (a, b) integriert. Gegenüber den Ritzschen Gleichungen haben sie den Vorteil, daß man die zu minimalisierende Funktion F nicht zu bestimmen braucht.

Man kann die Gleichungen von Galerkin auch herleiten, ohne den Zusammenhang zwischen Differentialgleichung und Variationsproblem zu benutzen [KANTOROWITSCH et al. 1956]. Von dem mit den Näherungen $y_n(x)$ gebildeten Differentialausdruck (16) $L\,[y_n] = \varepsilon$, der für die exakte Lösung verschwindet, $L\,[y_o] = 0$, wird Orthogonalität zu den Ansatzfunktionen Ψ_i gefordert:

$$\int_a^b \varepsilon\, \Psi_i(x)\, dx = \int_a^b L\,[y_n]\; \Psi_i\, dx = 0. \tag{23}$$

Daher ist diese Methode sehr allgemein [ZURMÜHL 1963]. Ist die Differentialgleichung z.B. nicht selbstadjungiert, dann gibt es in der Regel keine entsprechende Minimalaufgabe, so daß die Grundlage für das Ritzsche Verfahren fehlt, während die Orthogonalitätsforderungen des Galerkinschen Verfahrens sinnvoll bleiben. Wie die obigen Überlegungen gezeigt haben, führen im selbstadjungierten Fall beide Verfahren zu derselben Näherungslösung.

Abschließend noch eine ganz allgemeine Bemerkung zum Ritz- bzw. Galerkin-Verfahren. Normalerweise geht man bei der Lösung von Randwertaufgaben von Differentialgleichungen davon aus, eine Lösung zu finden, die zunächst der Differentialgleichung genügt, und erst dann versucht man, durch geeignete Wahl noch frei verfügbarer Größen auch die Randbedingungen zu erfüllen. Das Verfahren von Ritz bzw. Galerkin geht genau anders vor. Hier ist nicht die Differentialgleichung das Primäre, sondern die Randbedingungen. Erst dann sucht man unter den zulässigen Funktionen die aus, die auch die Differentialgleichung befriedigt.

4. Lösung des Systems partieller Differentialgleichungen nach dem Verfahren von Galerkin

Im ersten Teil dieses Kapitels soll nun das oben beschriebene Galerkinsche Verfahren auf das Bewegungsgleichungssystem (14) angewendet werden. Zu diesem Zweck wird das Gleichungssystem (14) unter zusätzlichen Voraussetzungen und Annahmen zunächst umgeformt. Auf die Randbedingungen und die geeignete Wahl der Ansatzfunktionen wird anschließend eingegangen. Der zweite Teil beschäftigt sich mit der praktischen Durchführung des vorher theoretisch beschriebenen Lösungsweges.

4.1. Anwendung des Verfahrens auf die Bewegungsgleichungen und die Kontinuitätsgleichung

Das Koordinatensystem wird so gewählt, daß die x-Achse nach Süden, die y-Achse nach Osten und die z-Achse vertikal nach oben weist. ϑ ist die Inklination des Magnetfeldes (Abbildung 1). Das $\underline{B}$-Feld möge in der xz-Ebene liegen und unter dem Winkel ϑ gegen die x-Achse geneigt sein.

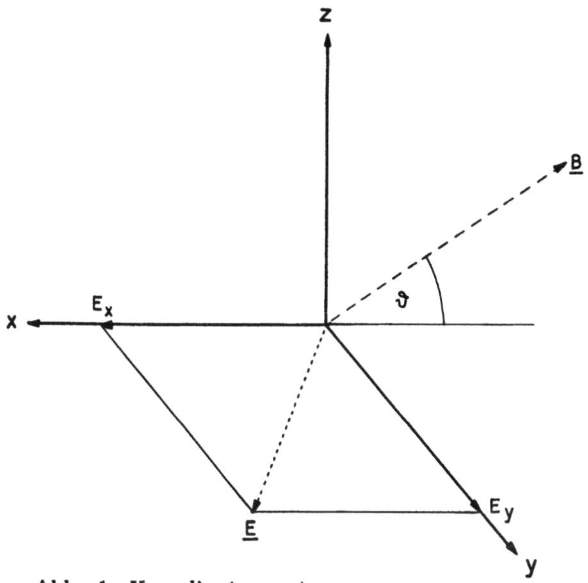

Abb. 1: Koordinatensystem

$$\underline{E} = (E_x, E_y, 0);$$
$$\underline{B} = (-B \cos\vartheta, 0, B \sin\vartheta);$$
$$\underline{v}_i = (v_{xi}, v_{yi}, v_{zi})$$

Wie in Kapitel 2 bereits erwähnt, ist die Zeit zwischen zwei Stößen von Neutralgasteilchen und Ionen klein gegen die Zeitspanne, in der makroskopische Veränderungen der Schicht auftreten. Man kann daher den Beschleunigungsterm der Ionen gegen den Stoßterm vernachlässigen [DOUGHERTY 1961].

$$\frac{dv_i}{dt} \ll c_i \, v_i \quad \text{mit } c_i = 2 \, \frac{\mu_{in}}{m_i} \, \nu_{in} . \qquad (24)$$

Infolge von ν_{in} hängt (24) nicht nur von der Größe des Beschleunigungsterms, sondern auch von der Neutralgasdichte ab. Bei plötzlichen Änderungen einer makroskpischen Größe ist die Vernachlässigung (24) nicht erfüllt. Für die bei erdmagnetischen Störungen auftretenden Beschleunigungen und für Neutralgasdichten, die einer mittleren bis starken solaren Strahlung von S = 150 bis 250 entsprechen [vgl. CIRA 1965], ist die Ungleichung (24) im betrachteten Höhenintervall von 200 bis 600 km im Rahmen der erreichbaren Genauigkeit gut erfüllt. Dieses Intervall, das die Grenzen der numerischen Integration festlegt, muß bei kleinerem S tiefer gelegt werden, um die Beziehung (24) aufrechtzuerhalten. Mit dieser Voraussetzung geht (14a) über in:

$$c_i \, (\underline{v}_i - \underline{v}_n) = \underline{g} - 2 \, (\underline{w} \times \underline{v}_i) - \frac{r}{\rho_i} \, \text{grad } p_i + \frac{e}{m_i} \, (\underline{E} + \underline{v}_i \times \underline{B}) .$$

Damit ist die Bewegungsgleichung der Ionen algebraisch und als Funktion der Neutralgasgeschwindigkeiten und der Elektronendichte folgendermaßen darstellbar:

$$\underline{v}_i = \{ v_{xi}, v_{yi}, v_{zi} \} = f_i (v_{xn}, v_{yn}, N_i),$$

$$v_{xi} = v_{xi} (v_{xn}, v_{yn}, N_i) = \cos^2\vartheta \, v_{xn} + \frac{E_y(t)}{B} \sin\vartheta + \frac{c_i}{\omega_i} \sin\vartheta \, v_{yn} + \frac{\sin\vartheta \cos\vartheta}{c_i} \, R , \qquad (25a)$$

$$v_{yi} = v_{yi} (v_{xn}, v_{yn}, N_i) = \frac{c_i}{\omega_i} \left(-\sin\vartheta \, v_{xn} + \frac{E_y(t)}{B} + \frac{c_i}{\omega_i} \, v_{yn} + \frac{\cos\vartheta}{c_i} \, R\right) - \frac{E_x(t)}{B \sin\vartheta} , \qquad (25b)$$

$$v_{zi} = v_{zi} (v_{xn}, v_{yn}, N_i) = -\sin\vartheta \cos\vartheta \, v_{xn} + \frac{E_y(t)}{B} \cos\vartheta + \frac{c_i}{\omega_i} \cos\vartheta \, v_{yn} - \frac{\sin^2\vartheta}{c_i} \, R \qquad (25c)$$

$$\text{mit } R = \frac{a(z)}{N_i} \, \frac{\partial N_i}{\partial z} + \left(g + \frac{da(z)}{dz}\right) ; \quad a(z) = \frac{k \, (T_i + T_e)}{m_i} .$$

Das Gleichungssystem (14) besteht dann nur noch aus einer vektoriellen Bewegungsgleichung für die Neutralgasteilchen und einer skalaren Kontinuitätsgleichung für die Ionen.

Zur Berechnung des Divergenzterms der Kontinuitätsgleichung werden gemäß Voraussetzung (6) Horizontalgradienten der Plasmageschwindigkeiten vernachlässigt. Der Nord-Süd-Gradient der Elektronendichte N_i ist gegen den in Ost-West-Richtung klein. Im folgenden soll daher noch nachträglich $N_i = N_i(y, z, t)$ gesetzt werden. Damit ergibt sich:

$$\operatorname{div}(N_i \underline{v}_i) = v_{yi} \frac{\partial N_i}{\partial y} + N_i \frac{\partial v_{zi}}{\partial z} + v_{zi} \frac{\partial N_i}{\partial z} .$$

Um $\left(\frac{\partial N_i}{\partial y}\right)_{z_1}$ zu berechnen, wird angenommen, daß an Orten gleicher geographischer Breite φ aber unterschiedlicher Länge nur aufgrund der verschiedenen Ortszeiten auch $N_i(z_1)$ ungleich sei. Man kann also näherungsweise setzen :

$$\frac{\partial N_i}{\partial y} = \frac{\partial N_i}{\partial t} \frac{\partial t}{\partial y} = \frac{\partial N_i}{\partial t} \frac{1}{w R \cos\varphi} ,$$

w = Winkelgeschwindigkeit der Erde ; R = Erdradius .

Denkt man sich die Ausdrücke (25) für die Komponenten der Ionengeschwindigkeiten in (14) eingesetzt, so erhält man unter Berücksichtigung von (6) und (11) :

$$\frac{dv_{xn}}{dt} = \frac{\partial v_{xn}}{\partial t} = \frac{\eta_n}{\rho_n} \frac{\partial^2 v_{xn}}{\partial z^2} - b_n N_i v_{xn} + b_n N_i v_{xi} - 2 w \sin\varphi \, v_{yn} , \tag{26a}$$

$$\frac{dv_{yn}}{dt} = \frac{\partial v_{yn}}{\partial t} = \frac{\eta_n}{\rho_n} \frac{\partial^2 v_{yn}}{\partial z^2} - b_n N_i v_{yn} + b_n N_i v_{yi} + 2 w \sin\varphi \, v_{xn} , \tag{26b}$$

$$F \frac{\partial N_i}{\partial t} = Q_i - L_i - v_{zi} \frac{\partial N_i}{\partial z} - N_i \frac{\partial v_{zi}}{\partial z} \tag{26c}$$

mit $b_n = 2 \mu_{in} \nu_{in} / \rho_n$; $F = 1 + v_{yi} / (w R \cos\varphi)$.

Alle neben den Variablen $N_i(z, t)$, $v_{xn}(z, t)$, $v_{yn}(z, t)$ auftretenden Größen hängen direkt oder indirekt ebenfalls von z und t ab.

Dieses nichtlineare partielle Differentialgleichungssystem 1. Ordnung in der Zeit und 2. Ordnung in der Höhe führt auf ein Anfangswertproblem in t und ein Randwertproblem in z .

a) Die Rechnungen beginnen zum Zeitpunkt $t = t_o$ mit folgenden Anfangswerten für die drei Funktionen $N_i(z, t)$, $v_{xn}(z, t)$ und $v_{yn}(z, t)$:

$$N_i(z, t_o) = \mathrm{CHAP}(z) = N_m \exp\left(1 - \frac{\sqrt{2}(z - z_m)}{Y_m} - \exp\left(- \frac{\sqrt{2}(z - z_m)}{Y_m}\right)\right) \tag{27a}$$

$$v_{xn}(z, t_o) \equiv 0 , \tag{27b}$$

$$v_{yn}(z, t_o) \equiv 0 , \tag{27c}$$

wobei N_m die maximale Elektronendichte, z_m die Höhe des Maximums und Y_m die halbe Schichtdicke einer parabolischen Approximation des Schichtmaximums einer Chapman-Funktion ist. Der Ansatz für $N_i(z, t_o)$ ist empirisch gefunden, da die Elektronendichteverteilung, wie die Erfahrung zeigt, recht gut durch eine ß-Chapman-Funktion beschrieben wird. Die horizontalen Neutralgasgeschwindigkeiten v_{xn} und v_{yn} wurden zum Anfangszeitpunkt der Einfachheit halber gleich null gewählt.

b) Als räumliche Randbedingung muß gefordert werden, daß die Elektronenkonzentration im Unendlichen gegen null geht, jedoch immer positiv bleibt.

$$\lim_{z \to \pm\infty} N_i(z, t_\nu) = 0 \quad \text{für alle Zeitpunkte } t_\nu \quad ;$$

$$N_i(z, t_\nu) \geqq 0 .$$

Da das Integrationsintervall zur numerischen Lösung jedoch endlich ist, müssen die obigen Forderungen durch Einführung geeigneter neuer Variabler ins Endliche transformiert werden, oder es müssen an den Grenzen des Integrationsintervalls $z = z_a$ und $z = z_e$ äquivalente Bedingungen aufgestellt werden.

Für $z = z_a$ soll ein einfaches Anlagerungsgesetz mit dem für jedes Zeitintervall $\Delta t = t_\nu - t_{\nu-1}$ konstanten Anlagerungskoeffizienten $\beta_{eff}(z_a, t_\nu)$ gelten :

$$\left(\frac{\partial N_i}{\partial t}\right)_{z_a} = - \frac{\beta_{eff}(z_a, t_\nu)}{F(z_a, t_\nu)} N_i(z_a, t_\nu) \text{ für alle } t_\nu . \qquad (28a)$$

Dann ergibt sich für N_i :

$$N_i(z_a, t_\nu) = N_i(z_a, t_{\nu-1}) \exp\left(- \frac{\beta_{eff}(z_a, t_\nu)}{F(z_a, t_\nu)} \cdot \Delta t \right) \qquad (28b)$$

mit $$\beta_{eff}(z_a, t_\nu) = \beta_o(z_a, t_\nu) + \frac{1}{N_i(z_a, t_\nu)} \left(\frac{\partial}{\partial z} (N_i(z, t_\nu) v_{zi}(z, t_\nu)) \right)_{z = z_a} - \frac{Q(z_a)}{N_i(z_a, t_\nu)} .$$

Da die Neutralgasgeschwindigkeiten v_{xn} und v_{yn} nachts in z_a = 200 km Höhe sehr klein sind, werden diese Randwerte näherungsweise gleich null gesetzt. In Kapitel 5.1 wird noch gezeigt, daß die Auswirkung dieser physikalisch nicht exakt erfüllten Voraussetzung auf die übrigen Ergebnisse nicht wesentlich ist.

$$v_{xn}(z_a, t_\nu) = 0, \qquad (28c)$$

$$v_{yn}(z_a, t_\nu) = 0. \qquad (28d)$$

An der Stelle $z = z_e$ wird gefordert, daß der Fluß einen vorgebbaren Wert annimmt :

$$F_i(z_e, t_\nu) = N_i(z_e, t_\nu) \quad v_{zi}(v_{xn}, v_{yn}, N_i). \qquad (29a)$$

Für v_{xn} und v_{yn} wird angenommen, daß

$$\left(\frac{\partial^2 v_{xn}}{\partial z^2}\right)_{z=z_e} = \left(\frac{\partial^2 v_{yn}}{\partial z^2}\right)_{z=z_e} = 0 \qquad (29b)$$

ist, da der zu diesen Ableitungen gehörige Koeffizient η_n / ρ_n, die kinematische Zähigkeit (s. (26a)), exponentiell mit wachsendem z zunimmt.

Das nichtlineare partielle Differentialgleichungssystem (26)' mit den Anfangs- und Randbedingungen (28) und (29) soll nun in zwei Schritten gelöst werden.

1.) Auf die partiellen Ableitungen nach der Zeit wird ein Differenzenverfahren angewendet. Durch die Funktionswerte an den Stellen t_{i-2}, t_{i-1} und t_i wird eine Parabel $y = at^2 + bt + c$ gelegt und die partielle Ableitung in t_i durch die Steigung im Punkte t_i approximiert. Es gilt daher näherungsweise:

$$\left(\frac{\partial y}{\partial t}\right)_{t=t_2} \approx \left(\frac{\Delta y}{\Delta t}\right)_{t=t_2} = y(t_o)\,\frac{\Delta t_2}{\Delta t_1(\Delta t_1+\Delta t_2)} - y(t_1)\,\frac{\Delta t_1+\Delta t_2}{\Delta t_1\,\Delta t_2} + y(t_2)\,\frac{\Delta t_1+2\Delta t_2}{\Delta t_2(\Delta t_1+\Delta t_2)} \tag{30}$$

mit $t_1 = t_o + \Delta t_1$, $t_2 = t_o + \Delta t_1 + \Delta t_2$, $\Delta t_i = t_i - t_{i-1}$.

2.) Auf das jetzt gewöhnliche, nichtlineare Differentialgleichungssystem 2. Ordnung, das außerdem von dem Parameter t abhängt, wird das Verfahren von Galerkin angewendet.
Für die drei unbekannten Funktionen $N_i(z, t)$, $v_{xn}(z, t)$ und $v_{yn}(z, t)$ sollen nun drei Funktionsscharen mit folgenden Eigenschaften gefunden werden :

1. Relative Vollständigkeit der einzelnen Funktionensysteme.
2. Erfüllung der jeweiligen Randbedingungen.
3. Lineare Unabhängigkeit der Funktionen eines Systems.
4. Geeignete Wahl der Ansatzfunktionen, so daß die zu erwartende Lösung möglichst gut und mit möglichst wenigen Funktionen approximiert werden kann.

Der Übersichtlichkeit halber und zur Vereinfachung der Rechnungen wird zunächst eine Variablentransformation durchgeführt:

$$\bar{z} = \bar{z}(z) = \frac{z - z_a}{z_e - z_a} . \tag{31}$$

Läuft z von z_a bis z_e, so läuft $\bar{z}$ von 0 bis 1 .

Da das nun gewöhnliche Differentialgleichungssystem schrittweise für jeden Zeitpunkt t_ν gelöst werden soll, wird nach Gleichung (17) für die Neutralgasgeschwindigkeiten folgender Ansatz gemacht :

$$\begin{aligned} v_{xn}(z, t) &= u_1(\bar{z}, t) = \sum_{i=1}^{n} a_i(t)\ \varphi_i(\bar{z}) , \\ v_{yn}(z, t) &= u_2(\bar{z}, t) = \sum_{i=1}^{n} b_i(t)\ \psi_i(\bar{z}) . \end{aligned} \tag{32}$$

Die $\varphi_i(\bar{z})$ und $\psi_i(\bar{z})$ werden durch geeignet gewählte Polynome angesetzt

$$\varphi_i(\bar{z}) = \sum_{k=o}^{m} q_{ik}\ \bar{z}^{k+i} \ ; \quad \psi_i(\bar{z}) = \sum_{k=o}^{m} s_{ik}\ \bar{z}^{k+i} \ ; \ i = 1,..,n , \tag{33}$$

so daß gilt :

$$\varphi_i(0) = \psi_i(0) = 0 ; \ \varphi_i''(1) = \psi_i''(1) = 0 .$$

Die relative Vollständigkeit und lineare Unabhängigkeit der Polynome läßt sich ohne weiteres zeigen (siehe z.B. KANTOROWITSCH et al. [1956]).

Der Ansatz für die Elektronendichte ist etwas komplizierter :

$$N_i(z, t) = u_3(\bar{z}, t) = \rho_o(\bar{z}, t) + \sum_{i=1}^{n} c_i(t)\ \rho_i(\bar{z}, t) \tag{34}$$

mit $$\rho_i(\bar{z}, t) = \bar{z}^i f_i(\bar{z}, C(t), ß(t), \alpha_i(t)) ; \quad i = 0, .., n . \tag{35}$$

Die Funktionen f_i werden so ausgewählt, daß die zu erwartende Lösung, d.h. in diesem Fall die Schichtprofile, möglichst gut durch sie approximiert werden können. Deshalb werden die f_i als Chapman-Funktionen angesetzt :

$$f_i(\bar{z}, C(t), ß(t), \alpha_i(t)) = C(t) \exp(1 - \alpha_i(t)(\bar{z} - ß(t)) - \exp(-\alpha_i(t)(\bar{z} - ß(t)))) ; \quad i = 0, .., n . \tag{36}$$

Durch Vergleich mit (27) ergibt sich, daß der zeitabhängige Parameter ß (t) proportional zur Höhe des Schichtmaximums des vorhergehenden Zeitpunktes angenommen werden kann :

$$ß(t_i) = \bar{z}_m(t_i - \Delta t_i) \sim z_m(t_{i-1}) .$$

Die beiden anderen Parameter C (t) und $\alpha_i(t)$ werden so bestimmt, daß die Randbedingungen erfüllt sind, und zwar müssen die $\rho_i(\bar{z}, t)$ (i = 1, .., n) die homogenen und $\rho_o(\bar{z}, t)$ die inhomogenen Randbedingungen befriedigen.

Für $\rho_o(\bar{z}, t)$ lauten damit die Bedingungsgleichungen :

Für $z = z_a$; $\bar{z} = 0$ (nach (28b)) :

$$\rho_o(0, t) = f_o(0, C(t), ß(t), \alpha_o(t)) = C(t) \exp(1 + \alpha_o(t) ß(t) - \exp(\alpha_o(t) \cdot ß(t))) = N_i(z_a, t). \tag{37}$$

Für $z = z_e$; $\bar{z} = 1$ (nach (29a) und (25c)) :

$$A_1(1,t)\left(\frac{\partial \rho_o(\bar{z},t)}{\partial \bar{z}}\right)_{\bar{z}=1} + (A_2(1,t) u_1(1,t) + A_3(1,t) u_2(1,t) + A_4(1,t)) \rho_o(1,t) = F_i(z_e) . \tag{38}$$

A_1, A_2, A_3 und A_4 sind Funktionen, die von den elektrischen und magnetischen Feldern und vom Atmosphärenmodell abhängen. Aus den beiden nichtlinearen Gleichungen (37), (38) lassen sich bei vorgegebenem ß (t) die Größen $\alpha_o(t)$ und C (t) bestimmen. Die $\rho_i(\bar{z}, t)$ (i = 1, ., n) erfüllen die homogene Gleichung (37) von selbst. Aus der homogenen Gleichung (38) werden die $\alpha_i(t)$ bestimmt. Die so gewählte Ansatzfunktion

$$u_3(\bar{z}, t) = \rho_o(\bar{z}, t) + \sum_{i=1}^{n} c_i(t) \rho_i(\bar{z}, t)$$

erfüllt für beliebige $c_i(t)$ die vorgegebenen Randbedingungen. Die Vollständigkeit und lineare Unabhängigkeit lassen sich auch für ein Funktionensystem

$$\rho_k(x) = f(x) \cdot x^k$$

beweisen [KANTOROWITSCH et al. 1956] .

Damit sind alle Voraussetzungen getroffen, um das System (26) praktisch, d.h. numerisch zu lösen.

4.2. Numerisches Lösungsverfahren

Die Ansatzfunktionen (32) und (34) werden in das zu lösende Gleichungssystem (26) eingeführt und die zeitlichen Ableitungen nach (30) durch Differenzenquotienten ersetzt. Zur Beschreibung des numerischen Verfahrens und aus Gründen der Übersichtlichkeit erweist es sich als zweckmäßig, dieses System in abgekürzter Schreibweise darzustellen .

$$L_1 [u_1, u_2, u_3] = u_1'' + u_3(-\alpha_1 u_1 + \alpha_2 u_2 + \alpha_3) - \alpha_4 u_1 + \alpha_5 + u_3' \alpha_6 - \alpha_7 u_2 = 0 , \tag{39a}$$

$$L_2 [u_1, u_2, u_3] = u_2'' + u_3(-\beta_1 u_1 - \beta_2 u_2 + \beta_3) - \beta_4 u_2 + \beta_5 + u_3' \beta_6 + \beta_7 u_1 = 0 , \tag{39b}$$

$$L_3 [u_1, u_2, u_3] = u_3'' + u_3(+\gamma_1 u_1' - \gamma_2 u_2 - \gamma_3 u_2') - \gamma_4 u_3 + \gamma_5 + u_3' (\gamma_6 u_1 - \gamma_7 u_2 - \gamma_8) = 0 \tag{39c}$$

mit den Randbedingungen (für alle Zeitpunkte t_ν) :

$$z = z_a ; \bar{z} = 0 : u_1(0) = u_2(0) = 0 , \ u_3(0) = N_i(z_a) ;$$
$$z = z_e ; \bar{z} = 1 : u_1''(1) = u_2''(1) = 0 , \ K_1 u_3(1) + K_2 u_3'(1) = F_i(z_e) .$$

Die Koeffizienten α_i, β_i, γ_i sind Funktionen des vorgegebenen Atmosphärenmodells, der magnetischen und elektrischen Feldstärke und weiterer Parameter der Ionosphäre, über die sie von der Höhe z und der Zeit t abhängen. (Striche bedeuten Ableitungen nach $\bar{z}$).

Das in Kapitel 4.1 theoretisch beschriebene Lösungsverfahren wurde für die IBM 7040 programmiert. Für die auftretenden ionosphärischen Parameter wurden folgende Annahmen gemacht :

1.) Als den Rechnungen zugrunde liegendes nichtisothermes Atmosphärenmodell wurde das COSPAR-Modell [1965] gewählt. Nach STUBBE [1966] lassen sich die Temperaturverläufe näherungsweise analytisch darstellen als :

$$T(z, t) = T(z_o) + (T_\infty(t) - T(z_o))(1 - \exp(-a_1(t)(z - z_o) + a_2(t)(z - z_o)^2)) ;$$

z_o ist die Anfangshöhe, T_∞ die nahezu konstante Temperatur in großen Höhen, $a_1(t)$ und $a_2(t)$ sind noch frei verfügbare Parameter. Gibt man $T(z_o)$, T_∞ und zwei weitere Temperaturen in zwei beliebigen Höhen vor, so lassen sich die $a_i(t)$ aus dem sich ergebenden nichtlinearen Gleichungssystem bestimmen. Aus T(z, t) werden dann unter Vorgabe von $N_j(z_o, t)$ für die Bestandteile j der Atmosphäre die Teilchenzahldichten $N_j(z, t)$ und das mittlere Molekulargewicht $M_n(z, t)$ berechnet nach :

$$N_j(z, t) = N_j(z_o, t) \frac{T(z_o, t)}{T(z, t)} \exp\left(- \int_{z_o}^{z} \frac{M_j g(\bar{z})}{R\, T(\bar{z}, t)} d\bar{z} \right) ,$$

$$M_n(z, t) = \frac{\sum_j M_j N_j(z, t)}{\sum_j N_j(z, t)} .$$

Abbildung 2 gibt für drei verschiedene S-Werte und für t = 00.00 h Ortszeit einen Überblick über die so erhaltenen Ergebnisse, die den weiteren Rechnungen zugrunde liegen.

S = 100

Z	T	NN	NN2	MN
200.	740.	6.0174E 09	2.6146E 09	21.91
300.	803.	3.6267E 08	4.8140E 07	17.61
400.	812.	4.0696E 07	1.2156E 06	15.80
500.	814.	6.1534E 06	3.5189E 04	13.79
600.	814.	1.4146E 06	1.1351E 03	9.90

S = 175

Z	T	NN	NN2	MN
200.	964.	8.0784E 09	4.0371E 09	22.89
300.	1079.	8.0215E 08	1.8988E 08	19.07
400.	1098.	1.3878E 08	1.2316E 07	16.96
500.	1102.	3.0005E 07	8.9658E 05	15.80
600.	1103.	7.5540E 06	7.0959E 04	14.53

S = 250

Z	T	NN	NN2	MN
200.	1152.	9.3114E 09	4.9756E 09	23.42
300.	1329.	1.2329E 09	3.8389E 08	20.13
400.	1361.	2.7248E 08	4.1598E 07	17.89
500.	1369.	7.4247E 07	5.0270E 06	16.62
600.	1371.	2.2802E 07	6.5246E 05	15.76

t = 0000h

Abb. 2 : Atmosphärenmodell

2.) Nach DALGARNO und SMITH [1962] gilt für die Zähigkeit η_n des Neutralgases

$$\eta_n = 3{,}34\ 10^{-6}\ T^{0,71}\ [\mathrm{cm}^{-1}\ \mathrm{gr}\ \mathrm{sec}^{-1}]$$

(T gemessen in $^{\circ}$K) .

3.) Für die Zahl ν_{in} der Stöße pro Sekunde, die ein Ion mit den Neutralgasteilchen ausführt, wird ein Wert angenommen, der sich durch Mittelung über sechs verschiedene von STUBBE [1966] theoretisch berechnete Stoßzahlen ergibt :

$$\nu_{in} = 0{,}9\ 10^{-9} \cdot N_n\ [\mathrm{sec}^{-1}] \qquad (40)$$

(N_n gemessen in cm^{-3}).

Damit ist auch die Diffusionskonstante der Ionen $D_a(z)$ und D_o festgelegt :

$$D_a(z) = \frac{r\,k\,T_i\,\sin^2\vartheta}{2\,\mu_{in}\,\nu_{in}} = D_o \cdot \frac{T_i\,\sin^2\vartheta}{N_n} \quad . \qquad (41)$$

4.) Die in der Kontinuitätsgleichung (26c) für N_i auftretenden Verluste L_i werden für die F-Schicht wie folgt angesetzt (siehe z.B. HANSON und PATTERSON [1964]):

$$L_i = L_i(N_i) = \beta_o \cdot N_i = K \cdot N(N_2) \cdot N_i \ . \qquad (42)$$

$N(N_2)$: Teilchenzahldichte des molekularen Stickstoffs ;

$\beta_o(z)$: Anlagerungskoeffizient ;

K : Reaktionskonstante .

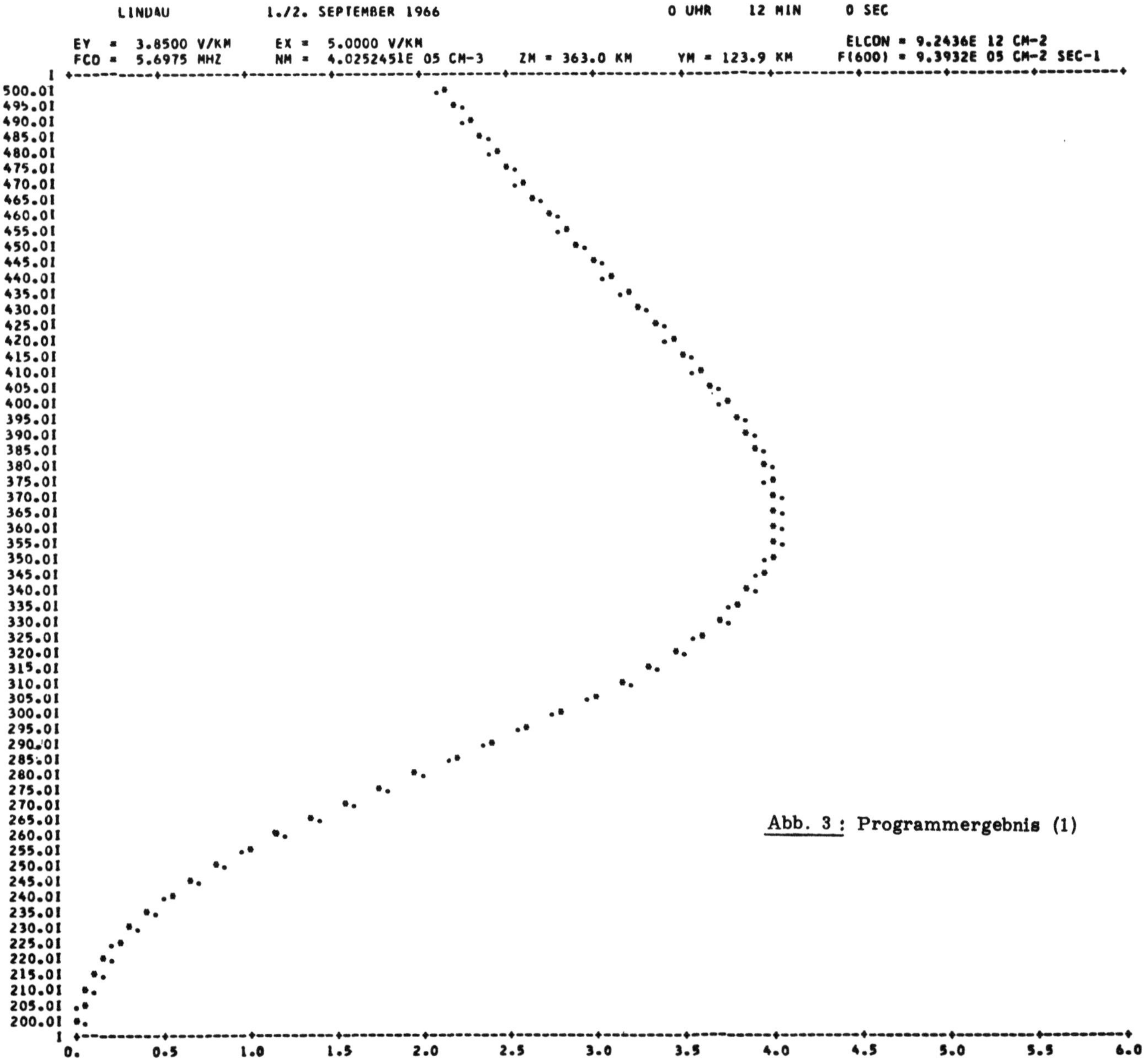

Abb. 3 : Programmergebnis (1)

In der Reihenfolge des Programmablaufs soll nun die praktische Durchführung in den wesentlichen Punkten kurz skizziert werden.

Außer dem Anfangsprofil $N_i(z)$ für $t = t_o$ (s. Gleichung (27)) werden die geomagnetischen Daten ϑ und B des Beobachtungsortes, die Ionenproduktion $Q(z)$, die beiden Schrittweiten Δz und Δt und der zeitliche Verlauf der elektrischen Feldstärke $\underline{E}(t)$ vorgegeben.

Nachdem das Atmosphärenmodell für den vorgegebenen Fluß S [CIRA 1965] , die jeweilige Uhrzeit t und alle Höhen $z = z_a + \nu \Delta z$ ($\nu = 0, \ldots, (z_e - z_a)/\Delta z$) berechnet worden ist, werden die freien Parameter $\alpha_i(t)$ und $C(t)$ der Ansatzfunktionen $\rho_i(\bar{z}, t)$ so bestimmt, daß die Randbedingungen (37), (38) erfüllt sind. Das sich ergebende nichtlineare Gleichungssystem wird nach dem iterativen Verfahren von Newton-Raphson [WILLERS 1957] gelöst, wobei die Schwierigkeit in der geeigneten Vorgabe der Anfangsnäherung besteht.

Die so vollständig bestimmten Ansatzfunktionen φ_1, φ_2, ψ_1, ψ_2, ρ_o, ρ_1, ρ_2 *) zum Zeitpunkt t_ν werden in das System (39) zur Bestimmung der sechs Unbekannten $a_1(t_\nu)$, $a_2(t_\nu)$, $b_1(t_\nu)$, $b_2(t_\nu)$, $c_1(t_\nu)$, $c_2(t_\nu)$ eingesetzt. Die sich ergebenden 90 Koeffizienten vor den a_i, b_i, c_i und deren Produkten multipliziert mit den entsprechenden Ansatzfunktionen werden gemäß (21) über das Integrationsintervall $z = z_a = 200$ km bis $z = z_e = 600$ km mit der vorgegebenen Schrittweite Δz nach der Simpsonschen Regel integriert. Das Gleichungssystem, das wie (39) ebenfalls nichtlinear ist, wird wieder nach der Newton-Raphson-Methode iterativ gelöst. Damit sind die Lösungen vollständig bestimmt. Abbildung 3 zeigt das von der Maschine gezeichnete Ergebnis für die Elektronendichte $N_i(z)$ zu dem angegebenen Zeitpunkt t . Wie es in der Ionosphärenphysik üblich ist, ist auf der Ordinate z in km und auf der Abszisse N_i in 10^5 cm^{-3} aufgetragen. Die Verwendung von Punkten und Sternen in Abbildung 3 dient nur zur "glatteren" Darstellung der Funktion $N_i(z)$, zu deren Wiedergabe aus maschinentechnischen Gründen nur 120 Punkte in der Abszisse und 60 Punkte in der Ordinate zur Verfügung stehen. Der "wirkliche" Funktionswert liegt immer zwischen Punkt und Stern.

Die weiteren Größen haben folgende Bedeutung :

EY, EX	:	Komponenten des elektrischen Feldes,
ELCON	:	Elektroneninhalt : $\int_{z_a}^{z_e} N_i(z, t)\, dz$,
FCO	:	Ordentliche Grenzfrequenz,
NM	:	Maximale Elektronendichte,
ZM	:	Höhe des Schichtmaximums,
YM	:	Halbe Schichtdicke einer parabolischen Approximation des Schichtmaximums. (Aus einer Ausgleichsparabel durch 7 Punkte um das Schichtmaximum bestimmt.)
F(600)	:	Fluß am oberen Rand, $F_i(600) = F_i(z_e) = N_i(z_e, t)\, v_{zi}(z_e, t)$.

Die Abbildung 4 zeigt das numerische Ergebnis. Die Nomenklatur stimmt mit der hier benutzten überein. Im unteren Teil der Abbildung 4 werden außerdem die wahren Höhen der einzelnen Ionisationsniveaus f/f_{co} = const angegeben. Im Kapitel 5.2 wird noch etwas ausführlicher auf die Größe $h(f/f_{co})$ eingegangen.

---

*) Bei der numerischen Auflösung wurde das n von (32), (34) gleich 2 gewählt.

LINDAU 1./2. SEPTEMBER 1966 0 UHR 12 MIN 0 SEC

Z (KM)	NE (CM-3)	VZI (M/SEC)	VXI (M/SEC)	VYI (M/SEC)	VXN (M/SEC)	VYN (M/SEC)
200.0	1.18733E 03	5.2050	-96.9456	132.2829	0.0000	-0.0000
210.0	6.41059E 03	18.9973	-91.1243	131.2322	-0.1250	0.1735
220.0	1.60096E 04	19.7665	-90.8080	130.6253	-0.4653	0.6469
230.0	3.12815E 04	18.8805	-91.1908	130.1951	-0.9740	1.3773
240.0	5.31001E 04	17.4180	-91.8155	129.8784	-1.6092	2.3216
250.0	8.16456E 04	15.6923	-92.5492	129.6405	-2.3332	3.4369
260.0	1.16266E 05	13.8481	-93.3310	129.4592	-3.1128	4.6812
270.0	1.55517E 05	11.9745	-94.1235	129.3194	-3.9188	6.0138
280.0	1.97358E 05	10.1357	-94.8999	129.2105	-4.7260	7.3960
290.0	2.39457E 05	8.3829	-95.6389	129.1250	-5.5129	8.7914
300.0	2.79516E 05	6.7578	-96.3234	129.0573	-6.2613	10.1663
310.0	3.15547E 05	5.2944	-96.9391	129.0033	-6.9565	11.4901
320.0	3.46055E 05	4.0196	-97.4749	128.9600	-7.5867	12.7354
330.0	3.70120E 05	2.9527	-97.9227	128.9251	-8.1431	13.8785
340.0	3.87378E 05	2.1059	-98.2777	128.8967	-8.6194	14.8994
350.0	3.97950E 05	1.4834	-98.5379	128.8736	-9.0120	15.7818
360.0	4.02319E 05	1.0821	-98.7049	128.8547	-9.3192	16.5135
370.0	4.01211E 05	0.8913	-98.7832	128.8391	-9.5416	17.0864
380.0	3.95481E 05	0.8933	-98.7802	128.8263	-9.6615	17.4960
390.0	3.86016E 05	1.0648	-98.7059	128.8157	-9.7429	17.7420
400.0	3.73671E 05	1.3773	-98.5721	128.8068	-9.7311	17.8276
410.0	3.59226E 05	1.7990	-98.3925	128.7995	-9.6528	17.7596
420.0	3.43356E 05	2.2958	-98.1814	128.7933	-9.5155	17.5482
430.0	3.26628E 05	2.8331	-97.9533	128.7882	-9.3276	17.2067
440.0	3.09500E 05	3.3770	-97.7226	128.7839	-9.0981	16.7509
450.0	2.92333E 05	3.8956	-97.5027	128.7802	-8.8362	16.1990
460.0	2.75399E 05	4.3600	-97.3058	128.7772	-8.5515	15.5713
470.0	2.58900E 05	4.7450	-97.1426	128.7746	-8.2535	14.8892
480.0	2.42977E 05	5.0294	-97.0220	128.7724	-7.9514	14.1751
490.0	2.27722E 05	5.1970	-96.9508	128.7705	-7.6540	13.4517
500.0	2.13193E 05	5.2359	-96.9340	128.7689	-7.3694	12.7412
510.0	1.99420E 05	5.1392	-96.9746	128.7676	-7.1049	12.0650
520.0	1.86408E 05	4.9052	-97.0733	128.7664	-6.8667	11.4424
530.0	1.74152E 05	4.5372	-97.2285	128.7654	-6.6596	10.8902
540.0	1.62634E 05	4.0450	-97.4363	128.7645	-6.4872	10.4218
550.0	1.51828E 05	3.4446	-97.6898	128.7638	-6.3511	10.0462
560.0	1.41704E 05	2.7608	-97.9786	128.7632	-6.2513	9.7673
570.0	1.32231E 05	2.0279	-98.2881	128.7626	-6.1854	9.5823
580.0	1.23372E 05	1.2932	-98.5984	128.7621	-6.1489	9.4815
590.0	1.15095E 05	0.6191	-98.8831	128.7617	-6.1347	9.4463
600.0	1.07364E 05	0.0876	-99.1076	128.7614	-6.1330	9.4490

H(F/FCO) =

1.00	0.98	0.95	0.90	0.80	0.70	0.60	0.50	0.40	0.30	0.20	0.10
363.0	339.4	326.9	313.2	294.4	280.0	267.4	255.7	244.2	232.6	220.1	206.3

Abb. 4 : Programmergebnis (2)

Abschließend noch einige Bemerkungen zu der geeigneten Wahl der vorgebbaren Schrittweite Δt. Die Schrittweite muß so gewählt werden, daß Δt klein gegen die Zeitdauer ist, in der sich die die Schicht beschreibenden Größen N_m, z_m und Y_m merklich verändern. Bei kurzzeitigen erdmagnetischen Störungen mit einem entsprechend großen dE/dt muß daher die Schrittweite bis auf 30 Sekunden verkleinert werden, während sie bei langsamen Änderungen und fast stationären Zuständen bis zu 5 Minuten betragen kann. Bei zu groß gewählter Schrittweite wird die Lösung instabil, was sich anfangs im Oszillieren der Lösungsfunktionen äußert. Für die Berechnung eines Schrittes benötigt das Programm auf der IBM 7040 ca. 1,83 Minuten.

5. Ergebnisse des numerischen Verfahrens

Das Kapitel 5 beschäftigt sich mit den Lösungen der Neutralgasbewegungsgleichungen und der Kontinuitätsgleichung der Ionen (26). Die Ergebnisse wurden nach dem im Kapitel 4 beschriebenen Verfahren gewonnen.

Der erste Teil befaßt sich mit der gegenseitigen Beeinflussung der Ionenbewegung und der Neutralgaswinde. Um die numerischen Ergebnisse in übersichtlicher Weise interpretieren zu können und um den Einfluß der verschiedenen Parameter auf das Schichtprofil, die Ionen- und die Neutralgasgeschwindigkeiten zu studieren, wird in Kapitel 5.2 die Abhängigkeit der Lösungen von diesen Parametern an einem beobachteten Profil untersucht. Anschließend wird für zwei erdmagnetische Baistörungen unter bestimmter Vorgabe der ionosphärischen Parameter und bei geeigneter Wahl des zeitlichen Verlaufs von $\underline{E}(t)$ versucht, die experimentellen Beobachtungsergebnisse theoretisch zu beschreiben. Eine Diskussion der möglichen Fehlerquellen soll sich dem Vergleich der Ergebnisse aus Theorie und Experiment anschließen.

5.1. Einfluß des Neutralgases auf die Bewegung der Ionen

Neutralgaswinde in der F-Schicht können durch Ionisationsbewegungen, die ihrerseits eine Folge von Druckgradienten und elektrischen Feldern sind, hervorgerufen werden. Diese Winde beeinflussen wiederum die Bewegung des Plasmas so, daß die ursprüngliche Drift geändert wird. Die folgenden Ergebnisse werden zeigen, wie stark die Neutralgasbewegung in die Rechnung eingeht, und von welcher Bedeutung sie für Drift- und Diffusionsvorgänge in der F-Schicht ist.

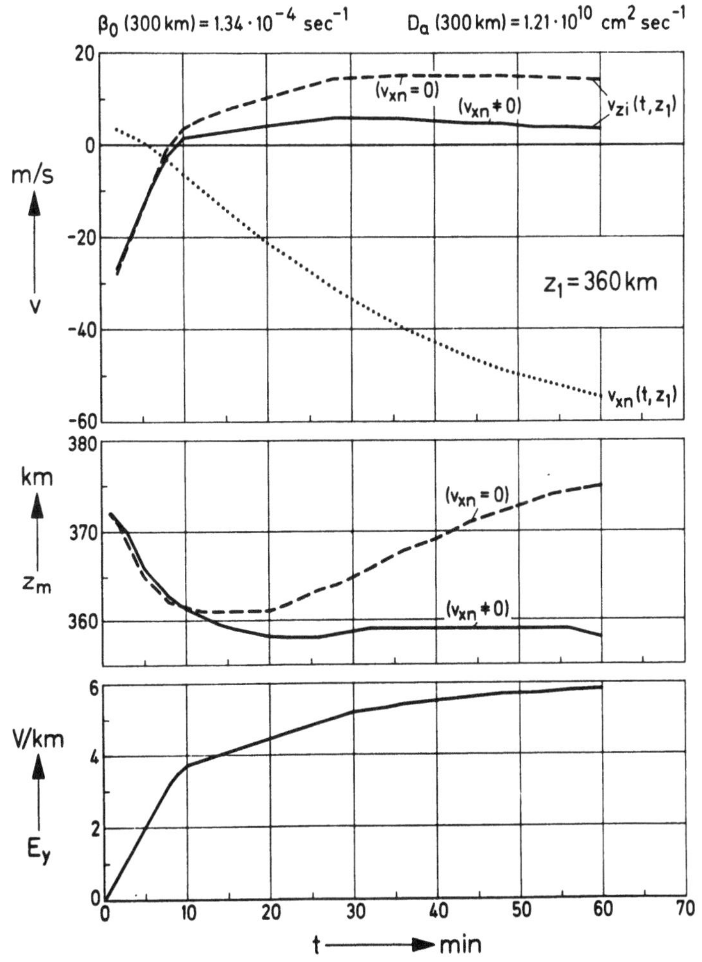

Abb. 5 : Einfluß des Neutralgases auf die Bewegung der Ionen

Als zeitlicher Anfangswert für $t = t_o =$ 00.00 h Ortszeit wurde ein beobachtetes Elektronendichteprofil angenommen. Das nicht-isotherme Atmosphärenmodell entspricht einem solaren Fluß von S = 175. Die Inklination des Erdmagnetfeldes ist $\vartheta = 67^o$ N. Der Verlauf der elektrischen Feldstärke $E_y(t)$ wurde durch Versuche so bestimmt, daß das Schichtmaximum in einer nahezu konstanten Höhe z_m bleibt, wobei der Anlagerungskoeffizient in 300 km gleich $1,34 \; 10^{-4} sec^{-1}$ und die Diffusionskonstante D_o (s.Gleichung (41)) gleich $1,06 \; 10^{16} cm^{-1} sec^{-1} grad^{-1}$ gewählt wurden. Diesen stationären Zustand gibt die durchgezogene Linie wieder (Abbildung 5).

Die ersten fünf bis zehn Minuten der Rechnung stellen eine Art von numerischer "Einschwingzeit" dar, in der sich die recht willkürlichen Anfangswerte und numerischen Anfangs-Approximationen für das nichtlineare System "einspielen". Erst nach diesem Zeitraum sind die Ergebnisse physikalisch zu deuten.

Für dieselbe Parameterkombination und denselben Feldstärkeverlauf $E_y(t)$ wurden die Rechnungen noch einmal wiederholt, wobei die Neutralgasmitbewegung jetzt unberücksichtigt blieb, d.h. $v_{xn} = v_{yn} = 0$ gesetzt wurde. Die Ergebnisse zeigen die gestrichelten Kurven.

Zunächst soll die Bewegung des Schichtmaximums $z_m(t)$ betrachtet werden. Unter Berücksichtigung der Neutralgasmitbewegung erreicht die Schicht nach etwa 10 Minuten eine stationäre Höhe von 359 km. Wird die Geschwindigkeit des Neutralgases $\underline{v}_n = 0$ gesetzt, so wird die Rückwirkung des Neutralgases auf das Ionengas vernachlässigt. Die geladenen Teilchen, die sich aufgrund des positiven E_y -Feldes aufwärts bewegen, werden durch eine Bewegung der Neutralgasteilchen nicht gebremst. Als Folge davon steigt die Schicht nach 50 bis 60 Minuten auf eine stationäre Höhe, die um ca. 20 km größer ist als im ersten Fall.

Dieser Effekt zeigt sich noch ausgeprägter in der Vertikalgeschwindigkeit v_{zi}. Zu Beginn der Rechnungen, wenn v_{xn} noch klein ist, d.h. nahezu null ist, sind die Unterschiede in z_m und v_{zi} noch sehr gering. Mit wachsendem v_{xn} jedoch nehmen die Differenzen zu. Die Vertikalgeschwindigkeit v_{zi} bei $v_{xn} = 0$ ist um den Faktor vier größer als bei Berücksichtigung der Neutralgasbewegung. (Die Geschwindigkeiten im oberen Teil der Abbildung 5 gelten für eine Höhe von $z_1 = 360$ km).

Das eben Gesagte soll auch näherungsweise analytisch gefaßt werden. Nach den Gleichungen (25) setzen sich die Geschwindigkeiten v_{zi} und v_{xi} aus drei verschiedenen Termen zusammen :

$$
\begin{aligned}
v_{zi} &= v_{zi}(E) + v_{zi}(D) + v_{zi}(N) , \\
v_{xi} &= v_{xi}(E) + v_{xi}(D) + v_{xi}(N) ,
\end{aligned}
\tag{43}
$$

wobei v(E) die Geschwindigkeit der Ionen infolge des E-Feldes, v(D) die reine Diffusionsgeschwindigkeit und v(N) den Einfluß des Neutralgases auf die Bewegung der Ionen darstellt. Es gilt im einzelnen :

$$
\begin{aligned}
v_{zi}(E) &= \frac{E_y}{B} \cos\vartheta , \\
v_{zi}(D) &= - D_a(z)\left\{\frac{1}{N_i}\,\mathrm{grad}_z N_i + \frac{1}{T_i}\,\mathrm{grad}_z T_i + \frac{1}{r H_i}\right\} , \\
v_{zi}(N) &= - \sin\vartheta \cos\vartheta \; v_{xn} + f_1(z) \cos\vartheta \; v_{yn} , \\
v_{xi}(E) &= \frac{E_y}{B} \sin\vartheta , \\
v_{xi}(D) &= D_a(z) \operatorname{ctg}\vartheta \left\{\frac{1}{N_i}\,\mathrm{grad}_z N_i + \frac{1}{T_i}\,\mathrm{grad}_z T_i + \frac{1}{r\,H_i}\right\} , \\
v_{xi}(N) &= \cos^2\vartheta \; v_{xn} + f_1(z) \sin\vartheta \; v_{yn} .
\end{aligned}
\tag{44}
$$

Für die folgende Näherungsbetrachtung, die für eine feste Höhe z_1 gilt, wird vom Einfluß der Diffusion und von einer Bewegung in y-Richtung abgesehen.

Als Folge des positiven elektrischen Feldes E_y erhalten die Ionen eine Geschwindigkeit $\underline{v}_i$, die senkrecht auf $\underline{E}$ und $\underline{B}$ steht (Abbildung 6). Für die beiden Komponenten gilt :

$$
v_{zi}(E) = \frac{E_y}{B} \cos\vartheta \qquad \text{und} \qquad v_{xi}(E) = \frac{E_y}{B} \sin\vartheta .
$$

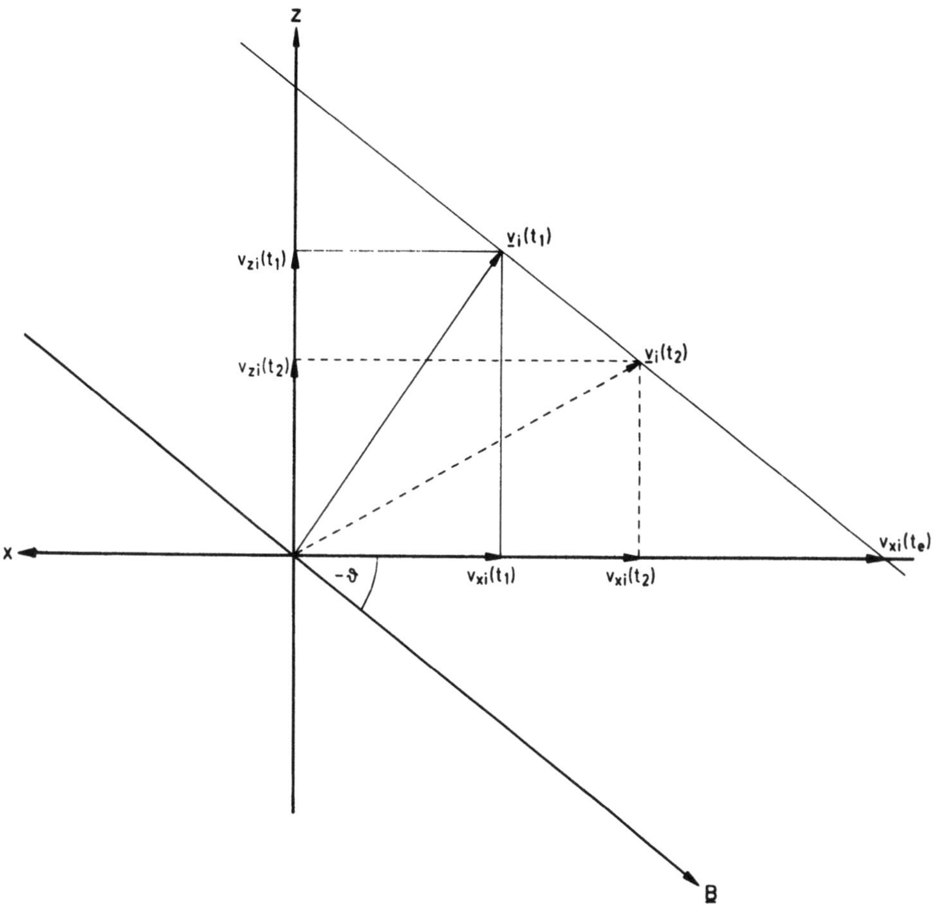

Abb. 6: Bremsung der Aufwärtsdrift durch die Neutralgasbewegung

Aufgrund der Reibung zwischen Ionen und ungeladenen Molekülen werden die Neutralgasteilchen in hori - zontaler Richtung in Bewegung gesetzt ; v_{xn} und v_{xi} wachsen, während v_{zi} bei konstantem E_y abnimmt (Zeitpunkt 2 in Abbildung 6). Im Endzustand verschwindet der Reibungsterm, der proportional $(\underline{v}_i - \underline{v}_n)$ ist, und es wird $v^e_{xi} = v^e_{xn}$:

$$v^e_{xi} = \cos^2\vartheta \; v^e_{xn} + \frac{E_y}{B} \sin\vartheta \; = v^e_{xn} ,$$

$$v^e_{xi} = v^e_{xn} = \frac{E_y}{B \sin\vartheta} .$$

Damit ergibt sich für v^e_{zi} :

$$v^e_{zi} = - \sin\vartheta \cos\vartheta \; v^e_{xn} + \frac{E_y}{B} \cos\vartheta = 0 . \tag{45}$$

Nach hinreichend langer Zeit wird also die gesamte Aufwärtsdrift der Ionen infolge des konstanten elektrischen Feldes E_y durch die horizontale Neutralgasbewegung gebremst.

Abschließend soll noch kurz auf die Höhenabhängigkeit der horizontalen Neutralgasgeschwindigkeiten eingegangen werden. Abbildung 7 zeigt für den speziellen Zeitpunkt t_1 = 60 Minuten (s. Abbildung 5) das

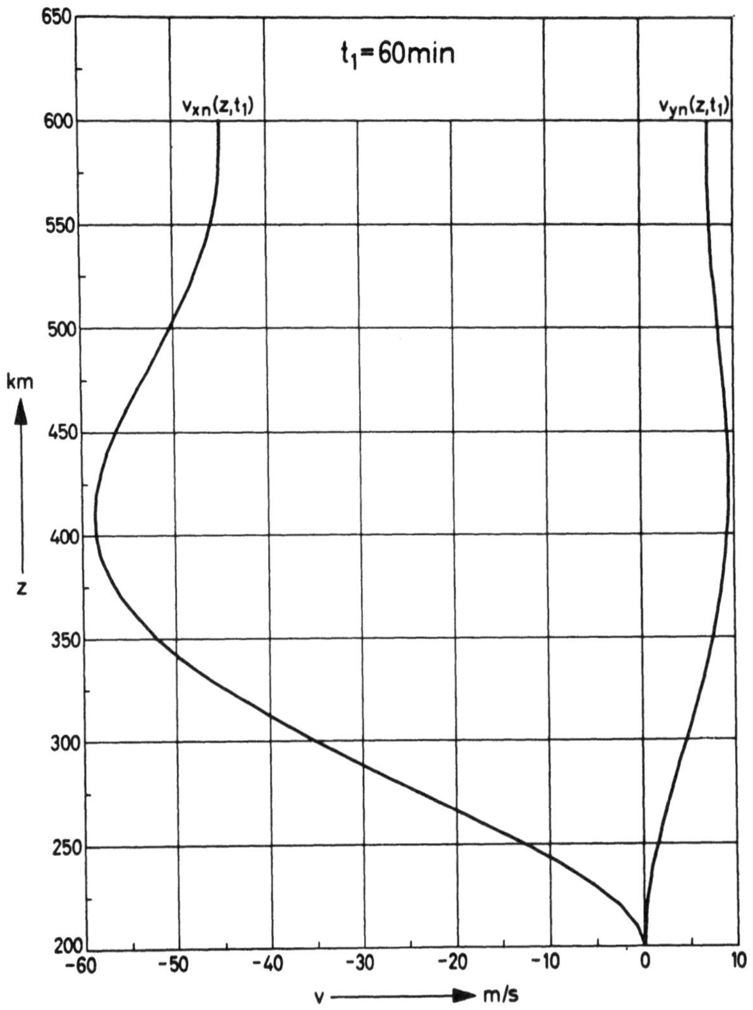

Abb. 7: Höhenabhängigkeit der horizontalen Neutralgasgeschwindigkeiten

gesamte Höhenprofil der Neutralgasgeschwindigkeiten v_{xn} und v_{yn} unter Berücksichtigung der Randbedingungen (28c), (28d) und (29b). Die Auswirkung der physikalisch nicht ganz gerechtfertigten Randbedingung in der Höhe $z = z_a = 200$ km ist, wie man sieht, nicht sehr groß. Beide Geschwindigkeiten erreichen in etwa 400 km Höhe, d.h. ca. 40 km oberhalb des Schichtmaximums, ihren größten Wert von -54 m/sec bzw. + 10 m/sec. Diese Werte liegen auch in der Größenordnung der Neutralgasgeschwindigkeiten, die sich aus anderen Beobachtungen und Berechnungen ergeben [KING und KOHL 1965] , [KOHL und KING 1966] .

5.2. Abhängigkeit der Lösungen von verschiedenen Parametern

Um die analytisch nicht darstellbaren Lösungen des Differentialgleichungssystem (26) anschaulich diskutieren zu können, sollen im folgenden die numerisch erhaltenen Lösungen auf ihre Abhängigkeit von verschiedenen Parametern untersucht werden. Unter der Abhängigkeit der Lösungen von einem Parameter p_i (bzw. einem Parameterverlauf $p_i(t)$) soll dann die Änderung der Lösungen ΔL bei Variationen von p_i um Δp_i verstanden werden, wobei alle anderen Parameter p_ν ($\nu \neq i$) fest vorgegebene "Standard"-Werte annehmen.

Als Anfangsprofil für $t = t_o$ = 00.00 h Ortszeit wird ein Elektronendichteprofil gewählt, dessen N_m-, Y_m- und z_m-Werte (27) sich durch Mittelung aus Beobachtungen ergeben. Folgende "Standard"-Werte der Parameter werden angenommen :

1.) Der Verlauf von $E_y(t)$ wurde durch Versuche so bestimmt, daß die Schicht bei der "Standard"-Parameterkombination in einer konstanten Höhe bleibt. In den Abbildungen 10 bis 14 wurde dieser $E_y(t)$-Verlauf nicht mehr gezeichnet.

2.) Um den Einfluß anderer Parameter klar erkennen zu können, wurde im "Standard"-Fall $E_x(t)$ gleich null gesetzt.

3.) Das Anfangsprofil ergibt sich aus Beobachtungen während mittlerer bis starker Sonnenaktivität. Das den Rechnungen zugrunde liegende Atmosphärenmodell entspricht daher einer solaren Strahlung von S = 175 [CIRA 1965] .

4.) Für den konstanten Faktor D_o der ambipolaren Diffusionskonstante $D_a(z)$ (s. Gleichung (41)) wurde ein Wert von $1{,}06\ 10^{16}\ cm^{-1}\ sec^{-1}\ grad^{-1}$ angenommen. Er entspricht der von STUBBE [1966] angegebenen Stoßzahl (40).

5.) Der in (42) eingeführte Anlagerungskoeffizient $\beta_o(z)$ wurde für die "Standard"-Rechnungen in 300 km Höhe gleich $1{,}34\ 10^{-4}\ sec^{-1}$ gesetzt.

6.) Es wurde angenommen, daß Elektronen- und Ionentemperatur übereinstimmen. Damit ist nach (7) r = 2 .

Alle Rechnungen in diesem Kapitel 5.2 wurden mit den geographischen und geomagnetischen Daten von Lindau (Harz) durchgeführt.

Inklination $\vartheta = 67{,}1\ ^oN$,

geographische Breite $\varphi = 51{,}7\ ^oN$,

Gyrofrequenz der Elektronen f_H = 1,18 MHz.

Die Geschwindigkeitsverläufe $\underline{v}(t)$ gelten (bis auf Abbildung 11) für eine Höhe z_1 = 350 km.

Anhand der Lösungskurven $N_m(t)$, $Y_m(t)$, $z_m(t)$, die den zeitlichen Verlauf des Schichtprofils beschreiben, und der Ionen- und Neutralgasgeschwindigkeiten $v_{xi}(t)$, $v_{yi}(t)$, $v_{zi}(t)$, $v_{xn}(t)$, $v_{yn}(t)$ wird nun die Abhängigkeit der Ergebnisse von den sechs "Standard"-Parametern im einzelnen diskutiert.

1.) $E_y(t)$ - Abhängigkeit

Die durchgezogenen Kurven in Abbildung 8 gelten für den im unteren Teil der Abbildung dargestellten $E_y(t)$ - Verlauf. Das E_y-Feld wurde, wie bereits erwähnt, durch Versuche so gewählt, daß das Schichtmaximum in einer

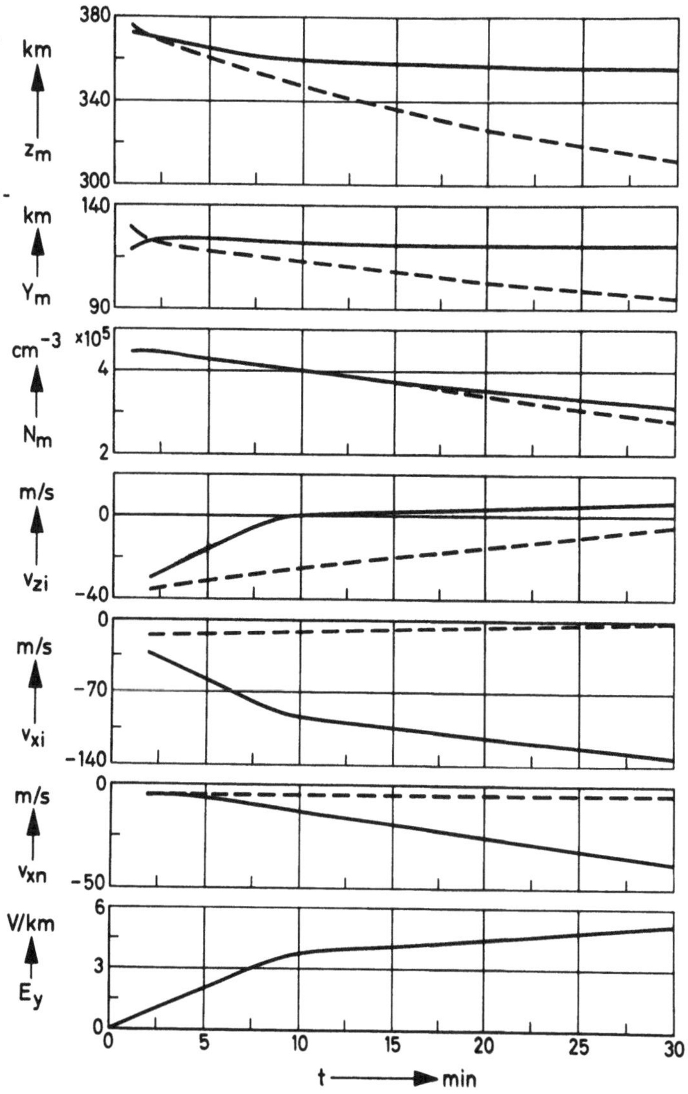

Abb. 8: Abhängigkeit der Lösungen von $E_y(t)$

konstanten Höhe z_m (hier etwa 360 km) bleibt. Das dazu erforderliche E_y-Feld muß aufgrund der Bremsung der Ionen durch das in Bewegung gesetzte Neutralgas - nach den Ausführungen in Kapitel 5.1 - stetig zunehmen, d.h. dE_y/dt muß positiv sein. Die gestrichelten Kurven zeigen den Verlauf der entsprechenden Größen bei fehlendem E_y-Feld. In diesem Fall sinkt die Schicht stark ab, so daß infolge der erhöhten Anlagerung die Schichtdicke Y_m und die maximale Elektronendichte N_m und damit auch der Elektroneninhalt erheblich stärker als im ersten Fall abnehmen.

Zwischen Schichtdicke Y_m und Elektronendichtemaximum N_m besteht für eine reine Parabolschicht der einfache Zusammenhang

$$n_t^{par} = \int_{-\infty}^{+\infty} N_i(z)\, dz = \int_{-Y_m}^{+Y_m} \left\{ - \frac{N_m}{Y_m^2} z^2 + N_m \right\} dz = \frac{4}{3} N_m \; Y_m \; .$$

In erster Näherung ergaben die Rechnungen für den totalen Elektroneninhalt einer Säule von 1 cm^2 Querschnitt von z_a bis z_e:

$$n_t \approx 1{,}8 \; N_m \; Y_m \; [cm^{-2}] \; .$$

Die drei Geschwindigkeiten v_{zi}, v_{xi}, v_{xn} gelten, wie bereits erwähnt, für eine Höhe von z_1 = 350 km. Ist $E_y \neq 0$, so bleibt v_{zi}, das sich aus der Diffusionsgeschwindigkeit, der Driftgeschwindigkeit und einem von der Neutralgasbewegung herrührenden Anteil zusammensetzt, nahezu konstant null. Die stärker zunehmende horizontale Bewegung der Ionen (v_{xi}) ruft einen Neutralgaswind (v_{xn}) hervor, der jedoch mit gewisser Verzögerung folgt. Ist kein E_y-Feld vorhanden, so ist v_{xi} klein, und v_{xn} behält demzufolge nahezu seinen Anfangswert.

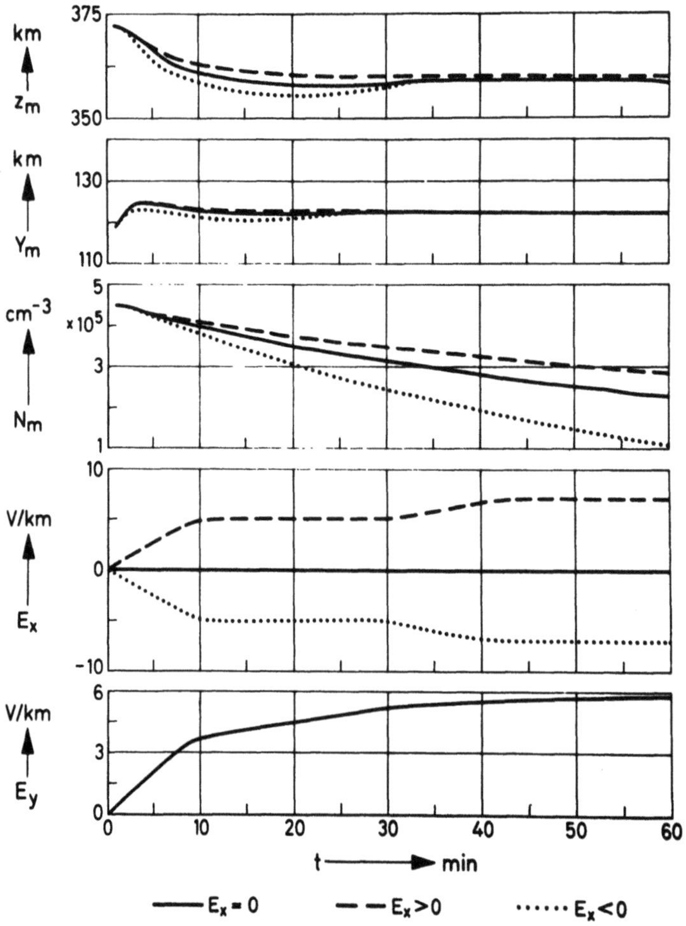

Abb. 9: Abhängigkeit der Lösungen von E_x(t)

2.) $E_x(t)$ - Abhängigkeit

Abbildung 9 stellt den Einfluß eines E_x - Feldes auf das Schichtprofil dar. Der $E_y(t)$ - Verlauf ist hier und in allen folgenden Abbildungen derselbe wie in Abbildung 8. Nach ca. 30 Minuten erreicht die Schicht in allen drei gezeichneten Fällen fast die gleiche stationäre Höhe. Nicht nur auf z_m, sondern auch auf Y_m hat ein E_x-Feld keinen Einfluß. Da ein solches Feld nach Gleichung (25) einen Plasmatransport in Ost-West-Richtung erzeugt, der auf der Nordhalbkugel bei positivem E_x von der Tag- zur Nachtseite gerichtet ist ($v_{yi} > 0$), wird der Elektroneninhalt und damit auch die maximale Elektronenkonzentration N_m verändert.

Die Wirkung eines E_x-Feldes auf die Geschwindigkeiten der Ionen und der Neutralgasteilchen zeigt Abbildung 10. Die Vertikalgeschwindigkeit v_{zi} und die horizontalen Nord-Süd-Geschwindigkeiten der Ionen und der Neutralgasteilchen werden von einer elektrischen Feldstärkekomponente in dieser Richtung nicht merklich beeinflußt. Die Ost-West-Komponente der Ionengeschwindigkeit jedoch ist nahezu proportional zu $E_x(t)$ (s. Gleichung (25b)), während die entsprechende Neutralgasgeschwindigkeit v_{yn} einen anderen Verlauf zeigt. Auf der Nordhalbkugel verursacht demnach eine positive $E_x(t)$-Komponente zusätzlich zu einem $E_y(t)$-Feld eine Drehung des Neutralgaswindes von Norden auf Nord-Osten, eine negative E_x-Komponente eine Drehung von Norden auf Nord-Westen. Die Höhenabhängigkeit der horizontalen Neutralgasgeschwindigkeit v_{yn} ist ähnlich der in Abbildung 7 gezeigten, wobei jedoch die Absolutwerte hier in der gleichen Größenordnung wie v_{xn} liegen. Die entsprechende Ionengeschwindigkeit v_{yi} zeigt keine merkliche Höhenabhängigkeit.

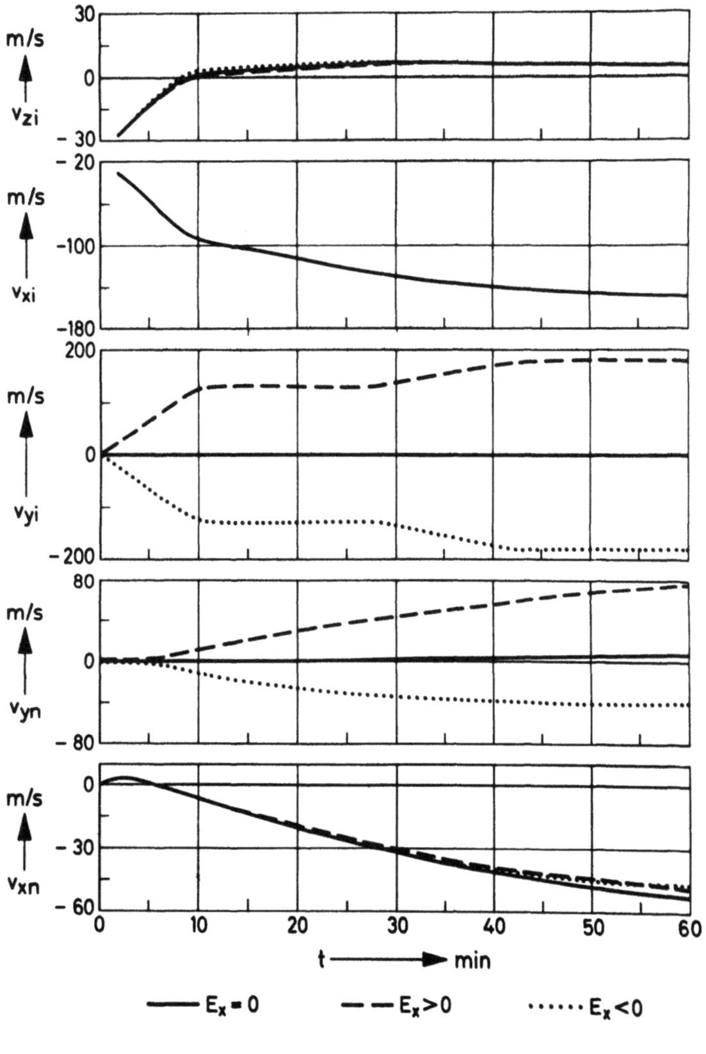

Abb. 10: Abhängigkeit der Lösungen von $E_x(t)$

3.) S - Abhängigkeit

Um die Abhängigkeit der Lösungen vom Atmosphärenmodell zu untersuchen, wurden die Rechnungen für drei verschiedene S-Werte durchgeführt. Abbildung 2 gibt einen Überblick über die zugrunde liegenden Temperaturen und Teilchenzahldichten als Funktion der Höhe für diese drei S-Werte.

Die das Schichtprofil beschreibenden Größen z_m, Y_m und N_m zeigen eine starke Abhängigkeit von S (Abbildung 11). Mit wachsendem S nimmt die stationäre Höhe z_m, die die Schicht aufgrund des E_y - Feldes nach der erforderlichen "Einschwingzeit" erreicht, zu. Ebenso verhält sich Y_m, das im Sonnenfleckenminimum (S = 100) den kleinsten und im Sonnenfleckenmaximum (S = 250) den größten Wert annimmt. N_m nimmt mit wachsendem S weniger stark ab, d.h. der in Gleichung (28) eingeführte effektive Anlagerungskoeffizient $\beta_{eff}(z_m)$ wächst mit abnehmendem S.

Die Geschwindigkeiten, die keine so starke Abhängigkeit von S zeigen, gelten unter Berücksichtigung der Ausführungen zu Beginn des Kapitels 4.1 hier für eine Höhe z_1 = 320 km.

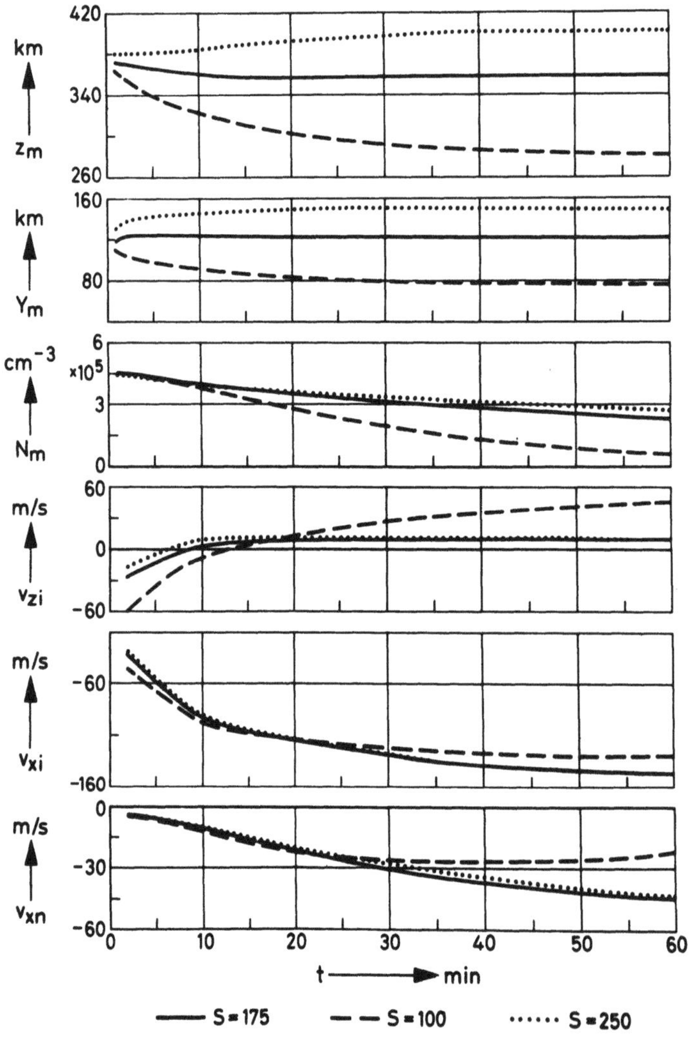

Abb. 11: Abhängigkeit der Lösungen von S

4.) D_o - Abhängigkeit

Den Einfluß der Diffusionskonstante auf das Schichtprofil und die Geschwindigkeiten gibt Abbildung 12 wieder. Je geringer die in Gleichung (41) definierte Konstante D_o ist, die sich umgekehrt proportional zur Stoßzahl ν_{in} verhält, desto höher liegt das Schichtmaximum. Ist die Diffusionskonstante nur 1/5 so groß, d.h. die Stoßzahl 5 mal größer als im Normalfall (D_o = 1,06 10^{16} cm^{-1} sec^{-1} $grad^{-1}$), so ist die Diffusionsgeschwindigkeit und der dadurch verursachte Abfluß von geladenen Teilchen in Gebiete höherer Anlagerung so gering, daß sich das Schichtprofil nur wenig ändert, und der gesamte Elektroneninhalt nicht stark abnimmt. Y_m wird kleiner, während N_m geringfügig ansteigt. Infolge der 5 mal größeren Stoß - zahl nimmt die Reibung zwischen Ionen und Neutralgasteilchen um diesen Faktor zu. Das hat zur Folge, daß die Nord-Süd-Komponente der Neutralgasgeschwindigkeit mehr als doppelt so groß wird.

Setzt man - nur aus Kontrollzwecken - die Diffusionskonstante und den Anlagerungskoeffizienten gleich null, so verschwinden alle Geschwindigkeiten, und es ergeben sich keinerlei Veränderungen des gesamten Schichtprofils.

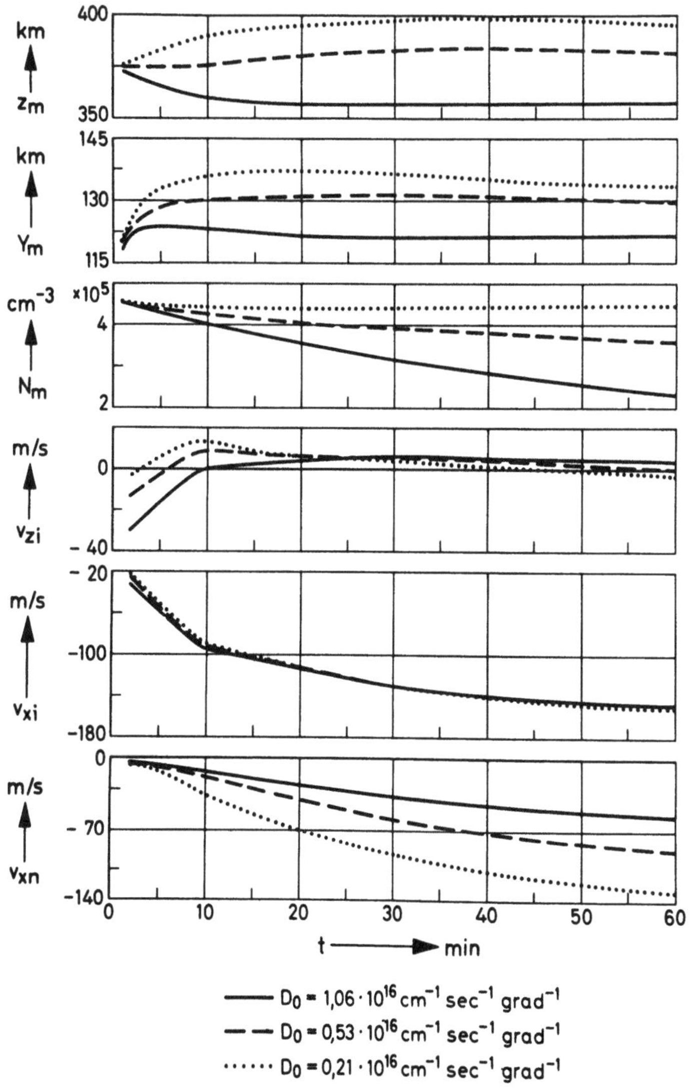

Abb. 12: Abhängigkeit der Lösungen von D_o

5.) $ß_o$ - Abhängigkeit

Abbildung 13 stellt die Abhängigkeit der Lösungen vom Anlagerungskoeffizienten $ß_o(z)$ dar. Die durch ein Anlagerungsgesetz mit einem Koeffizienten $ß_o(z)$ beschreibbaren Elektronenverlustprozesse laufen in Wirklichkeit viel komplizierter in verschiedenen Reaktionsstufen ab. $ß_o(z)$ nimmt mit der Teilchenzahldichte des molekularen Stickstoffs mit abnehmender Höhe exponentiell zu. Es ist üblich, als charakteristischen Wert den Anlagerungskoeffizienten in 300 km Höhe anzugeben. Mit wachsendem $ß_o$(300 km) nimmt die Anlagerung im unteren Teil der Schicht stärker zu als oben, so daß das Maximum der Schicht höher liegt. Die Änderungen der Schichtdicke sind gering, während N_m mit wachsender Anlagerung schneller abfällt. Der untere Teil der Abbildung zeigt den Einfluß der Anlagerung auf die drei verschiedenen Geschwindigkeitsverläufe. v_{xn}(350 km) ist bei geringer Anlagerung größer, da dann aufgrund der höheren Elektronendichte die Reibung zwischen Ionen und Neutralgasteilchen zunimmt.

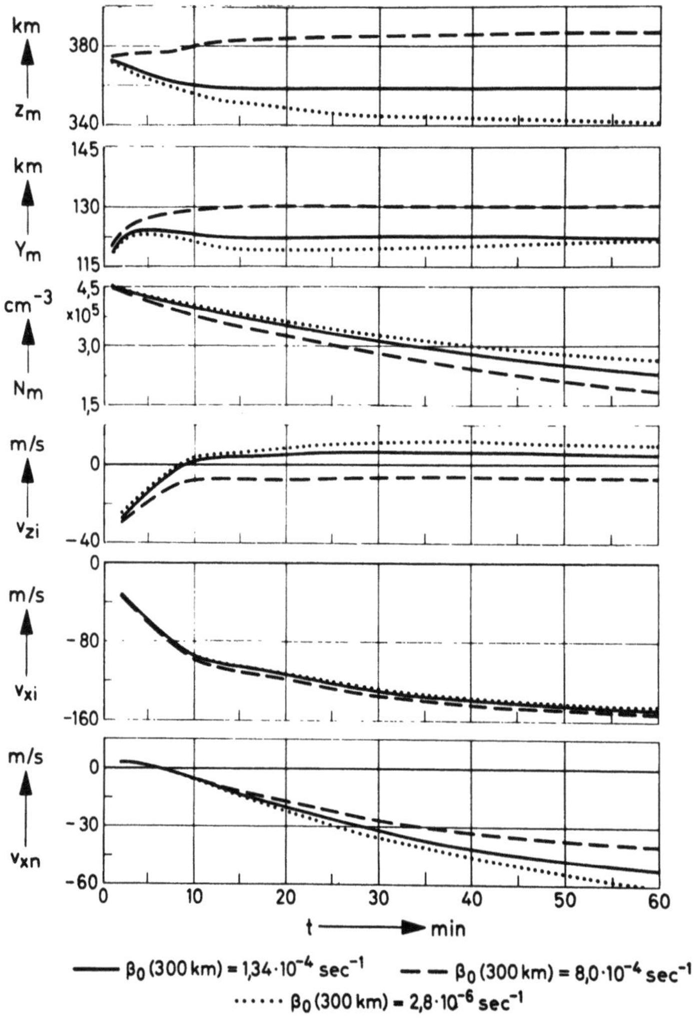

Abb. 13: Abhängigkeit der Lösungen von $ß_o$

6.) r - Abhängigkeit

In Gleichung (7) wurde r als $1 + T_e/T_i$ eingeführt. Die gestrichelten Kurven in Abbildung 14 gelten für $T_e = 1,8\ T_i$, die durchgezogenen für $T_e = T_i$. Eine Zunahme von r bedeutet eine Erhöhung des Druckgradienten in Gleichung (14a). Ist r = 2,8, so nimmt N_m stärker ab als im Fall r = 2, da die stationäre Höhe des Schichtmaximums um 20 km tiefer liegt. Y_m dagegen ist aufgrund der höheren Temperatur um ca. 10 km größer. Der untere Teil zeigt den Einfluß des Druckgradienten auf die Geschwindigkeiten.

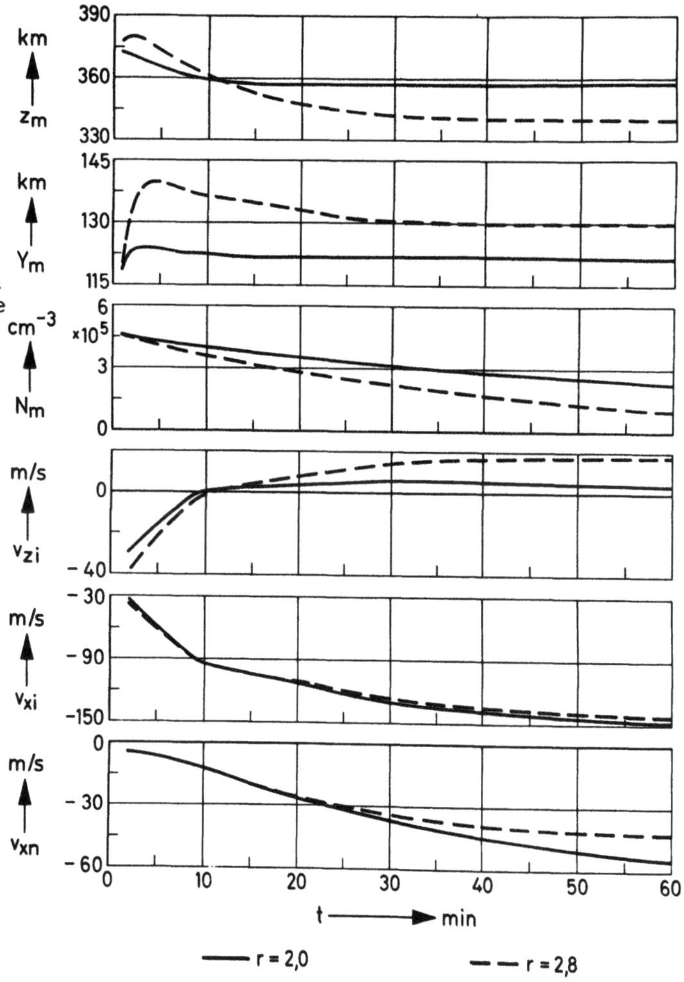

Abb. 14: Abhängigkeit der Lösungen von r

5.3. Vergleich der experimentell und theoretisch gewonnenen Ergebnisse an zwei erdmagnetischen Baistörungen

Im folgenden sollen nun zwei beobachtete erdmagnetische Baistörungen mit Hilfe der in den vergangenen Kapiteln entwickelten Theorie beschrieben werden.

Erdmagnetische Baistörungen erscheinen auf den laufend durchgeführten magnetischen Feldstärkeregistrierungen als Ausbuchtungen der sonst glatten Registrierkurve. Als Ursache der Baistörungen wird ein elektrisches Feld angenommen, das in polaren Breiten entsteht und sich von da aus über die gesamte Erdhalbkugel erstreckt. Als Folge dieses elektrischen Feldes fließen in der unteren Ionosphäre Ströme, deren Magnetfeld die Baistörung verursacht. Aufgrund der hohen Leitfähigkeit der Ionosphäre in Richtung des Magnetfeldes erstreckt sich den Überlegungen von MARTYN [1953] zufolge das E-Feld von der unteren bis in die obere Ionosphäre. Nach MARTYN [1953] war zu erwarten, daß ein derartiges elektrisches Feld zu Höhenänderungen dieser Schicht und damit zu Elektronendichteprofiländerungen führt. Beim Einschalten eines elektrischen Feldes in Ost-Richtung werden Ionen und Elektronen wegen ihrer Ladungsverschiedenheit zunächst in entgegengesetzter Richtung beschleunigt. Da sich beide Teilchensorten dabei aber senkrecht zum Magnetfeld bewegen, werden sie infolge der Lorentz-Kraft in gleicher Weise in vertikaler Richtung abgelenkt. Die geladenen Teilchen erhalten also bei Anwesenheit eines gekreuzten elektrischen und magnetischen Feldes eine Driftgeschwindigkeit, die senkrecht auf beiden Feldern steht.

Tatsächlich konnte KAMIYAMA [1956] vertikale Höhenänderungen während erdmagnetischer Baistörungen über Tokio experimentell für sie F-Schicht nachweisen. Jedoch verwendete er für diese Beobachtungen die sogenannten scheinbaren Höhen, die nur ein sehr ungenaues Maß für die wahre Höhe der Schicht sind. BECKER [1958] und KOHL [1960] konnten später diese qualitativen, vorläufigen Ergebnisse mit Hilfe wahrer Höhen bestätigen.

Abbildung 15 zeigt ein Ergebnis entsprechender Analysen von RÜSTER [1965] für Tsumeb in Süd-West-Afrika. Die Ionogramme wurden nach dem Lindauer Korrekturverfahren von BECKER [1959] ausgewertet. Es wurde die normierte Darstellung der gefundenen Elektronendichteprofile gewählt [KOHL 1960]. Aufgrund von Ionisationsschwankungen in der Ionosphäre können, wenn man die Höhenvariationen eines Niveaus f_o betrachtet, Bewegungen der Schicht vorgetäuscht werden. Um diese mögliche Fehlerquelle weitgehend auszuschließen, wird statt der Plasmafrequenz f_o das Verhältnis f_o/f_{coF2} als Parameter gewählt. Als Bewegungen sollen dann nicht die Höhenänderungen der Plasmafrequenz f_o, sondern der Frequenz, die in einem bestimmten vorgegebenen Verhältnis zur Grenzfrequenz steht, aufgefaßt werden. Im oberen Teil der Abbildung sind die wahren Höhen der verschiedenen Ionisationsniveaus f_o/f_{coF2} = const

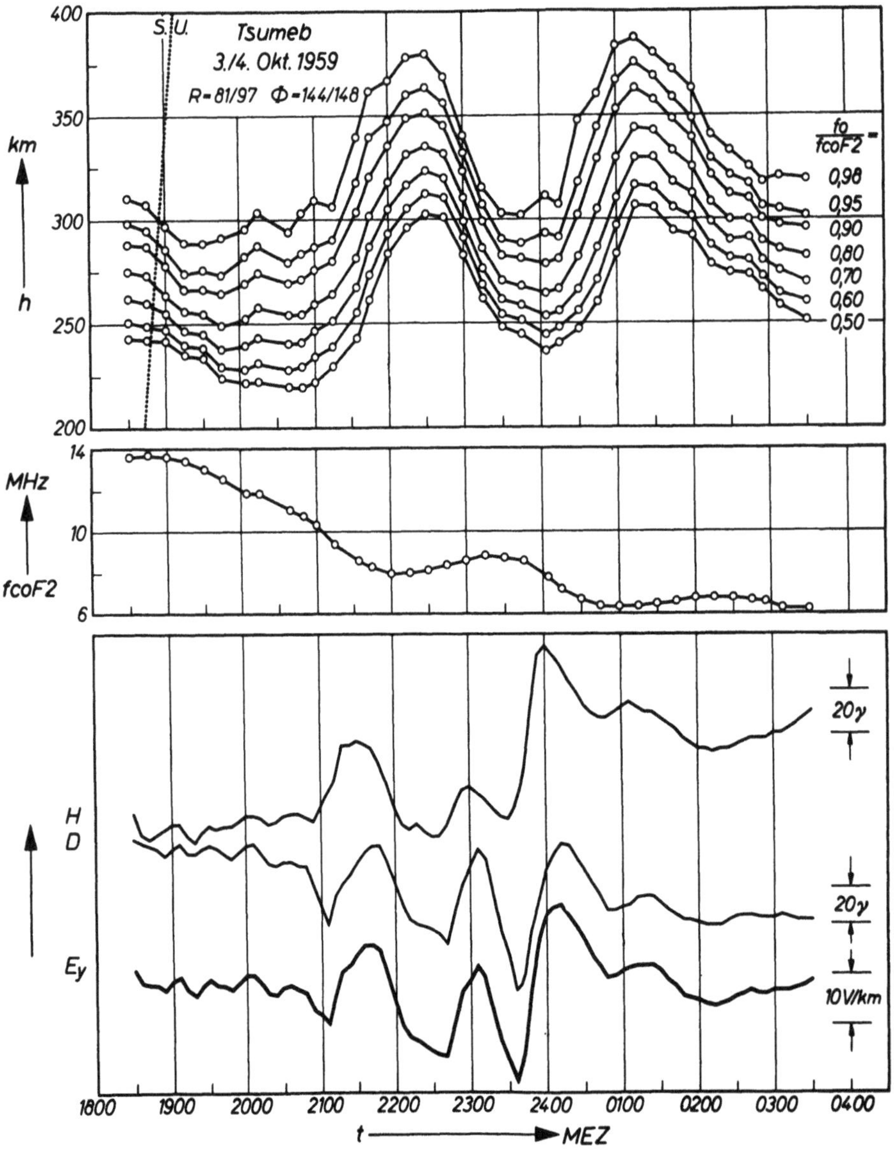

Abb. 15: Beobachtete erdmagnetische Baistörungen

in Abhängigkeit von der Zeit dargestellt. Darunter ist der Verlauf der ordentlichen Grenzfrequenz der F-Schicht (f_{coF2}) aufgetragen. Der untere Teil des Bildes zeigt die Variation des Erdmagnetfeldes. Die obere Kurve gibt die Änderung der H-Komponente (Süd-Nord-Richtung), die nächste die der D-Komponente (West-Ost-Richtung) an. Aus der H- und D-Komponente ergibt sich der Verlauf des elektrischen Feldes E_y in West-Ost-Richtung nach MAEDA [1955] und KOHL [1960] zu :

$$E_y(t) = \frac{0,9 \cdot 5/6 \cdot 2\, \Delta H(t)}{K_y} + \frac{0,9 \cdot 2/3 \cdot 2\, \Delta D(t)}{K_{xy}} \; [V/cm] . \tag{46}$$

$\Delta H(t) = H(t) - H_o$: in A/cm gemessene, nach Norden positiv zählende Störamplitude ;

$\Delta D(t) = D(t) - D_o^{*)}$: in A/cm gemessene, nach Osten positiv zählende Störamplitude ;

K_y, K_{xy} : in Ω^{-1} gemessene, über die Höhe integrierte Leitfähigkeiten [MAEDA 1955] ;

0,9 ; 2/3 ; 5/6 : Korrekturfaktoren, die der Krümmung der Erde Rechnung tragen und die Tatsache berücksichtigen, daß nicht der ganze die Baistörung verursachende Strom in der Ionosphäre fließt.

In Abbildung 15 sind zwei zeitlich aufeinander folgende Baistörungen während einer erdmagnetisch jedoch nicht ganz ruhigen Nacht dargestellt. Das E_y-Feld wurde mit Hilfe der von MAEDA [1955] angegebenen Leitfähigkeiten K_y und K_{xy} berechnet. Die untere dick gezeichnete Kurve stellt den Verlauf des elektrischen Feldes in West-Ost-Richtung dar. (Die Magnetogramme wurden in Hermanus bei Kapstadt aufgezeichnet). Die erste Störung von 21.00 h bis 22.30 h MEZ und die zweite von 23.40 h bis 2.00 h MEZ lassen den Zusammenhang zwischen erdmagnetischer Baistörung und Höhenänderungen der F2 - Schicht gut erkennen. Die mittlere kurzzeitige Störung von 22.30 h bis 23.40 h MEZ kommt in der beobachteten Profiländerung nicht zum Ausdruck.

Anhand dieser beiden Baistörungen soll nun auch auf theoretischem Wege der Zusammenhang zwischen erdmagnetischer Störung und Elektronendichteprofiländerung hergestellt werden. Dazu wird folgendermaßen vorgegangen :

1.) Die Eigenschaften der oberen Atmosphäre wurden aus dem COSPAR-Modell [1965] übernommen. Unter Berücksichtigung der dort angeführten Korrekturen wurde für die folgenden Rechnungen ein Atmosphärenmodell zugrunde gelegt, das einem S-Wert von 209 entspricht.

2.) Der Anlagerungskoeffizient wurde in Anlehnung an NISBET und QUINN [1963] für 20 h Ortszeit und S = 209 bestimmt. Es ist

$$\beta_o(300\text{ km}) = 1,55\; 10^{-4}\; sec^{-1} .$$

3.) Die Diffusionskonstante $D_a(z)$ wurde so gewählt, daß sie der von STUBBE [1966] angegebenen Stoßzahl

$$\nu_{in}(z) = 0,9\; 10^{-9}\; N_n(z)\; sec^{-1}$$

entspricht.

4.) Ionen- und Elektronentemperatur wurden als gleich angenommen.

5.) Der in Gleichung (29a) eingeführte Ionenfluß F_i in 600 km Höhe wurde gleich null gesetzt.

---

*) Nur in diesem Kapitel 5.3 wird D_o in einer von Gleichung (41) abweichenden Bedeutung gebraucht.

6.) Das zeitabhängige E_y - Feld wurde durch Versuche so bestimmt, daß die Höhenvariation des Ionisationsniveaus f_o/f_{coF2} = 1 möglichst gut mit dem entsprechenden beobachteten Verlauf übereinstimmt. Da ein E_x-Feld, wie in Abschnitt 5.2 gezeigt wurde, keinen Einfluß auf die Schichtbewegung hat, wurde das sich näherungsweise aus den Magnetogrammen ergebende Nord-Süd-Feld den Rechnungen zugrunde gelegt.

7.) Als Anfangsprofil für $t = t_o$ wurde der durch N_m, Y_m und z_m gegebene Schichtverlauf um 20.00 h MEZ gewählt. Die geomagnetischen und geographischen Daten für Tsumeb (Süd-West-Afrika) sind :

Inklination $\vartheta = 54^o$ Süd ;

Gyrofrequenz der Elektronen in 200 km = 0,8 MHz ;

geographische Breite $\varphi = 19^o$ Süd.

(Zur programmtechnischen Durchführung sei noch gesagt, daß die Schrittweite Δz gleich 1 km gewählt wurde, während Δt zwischen 30 Sekunden und 2 Minuten je nach Größe von $dE_y(t)/dt$ schwankt).

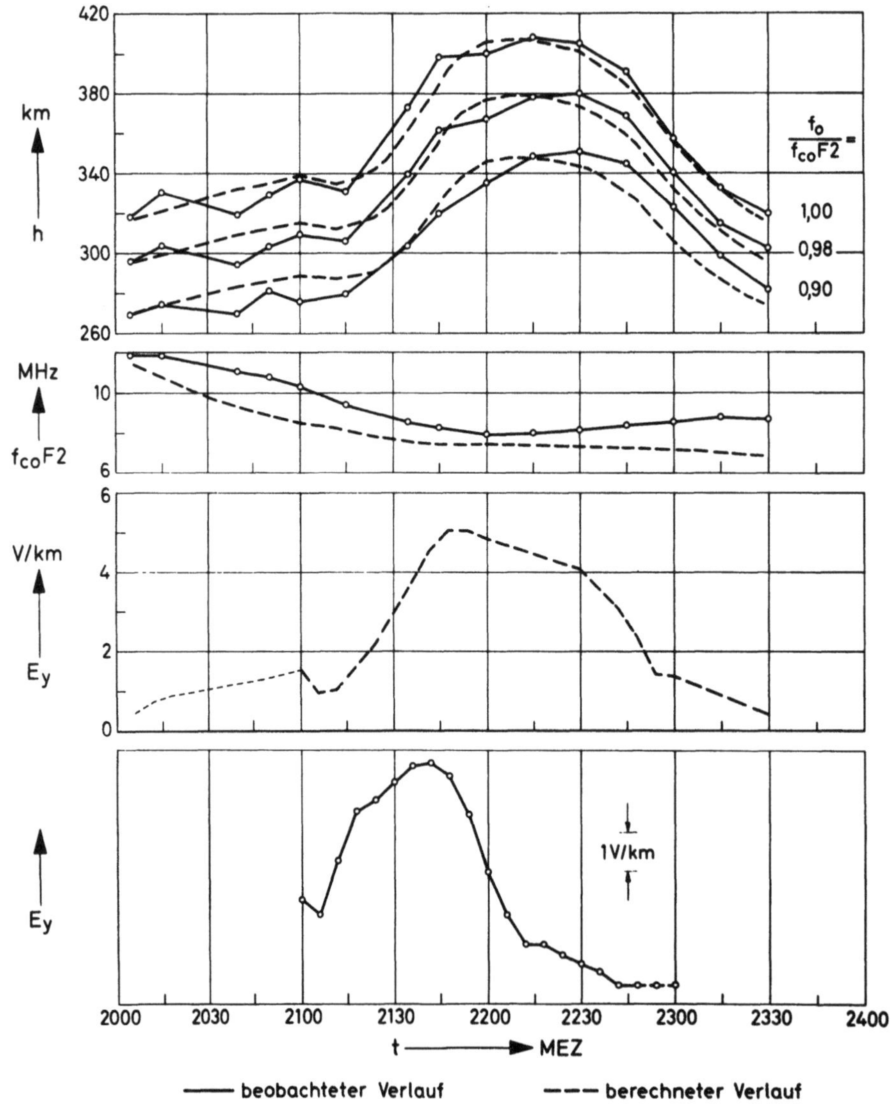

Abb. 16: Vergleich zwischen Beobachtung und Theorie

Abbildung 16 zeigt den Vergleich zwischen experimentell und theoretisch gewonnenen Ergebnissen am Beispiel der ersten Baistörung von Abbildung 15. Im oberen Teil sind der beobachtete und der berechnete Verlauf von drei verschiedenen Ionisationsniveaus dargestellt. Darunter sind entsprechend die Grenzfrequenzen in Abhängigkeit von der Zeit aufgetragen. Dann folgt der ermittelte $E_y(t)$ - Verlauf, der nötig ist, um die beobachteten Profiländerungen bei den vorgegebenen ionosphärischen Parametern erklären zu können. Der untere Teil des Bildes zeigt das $E_y(t)$ - Feld, das man nach (46) aus den Magnetogrammen erhält, wenn man für die Leitfähigkeiten folgende Annahmen macht :

$$K_y = 24\ \Omega^{-1} ; \qquad K_{xy} = 14\ \Omega^{-1} . \tag{47}$$

Die von MAEDA [1955] angegebenen Werte für K_{xy} und K_y, die sich auf ein vorgegebenes Ionosphärenmodell mit geringerem N_m beziehen, sind um den Faktor 2 kleiner.

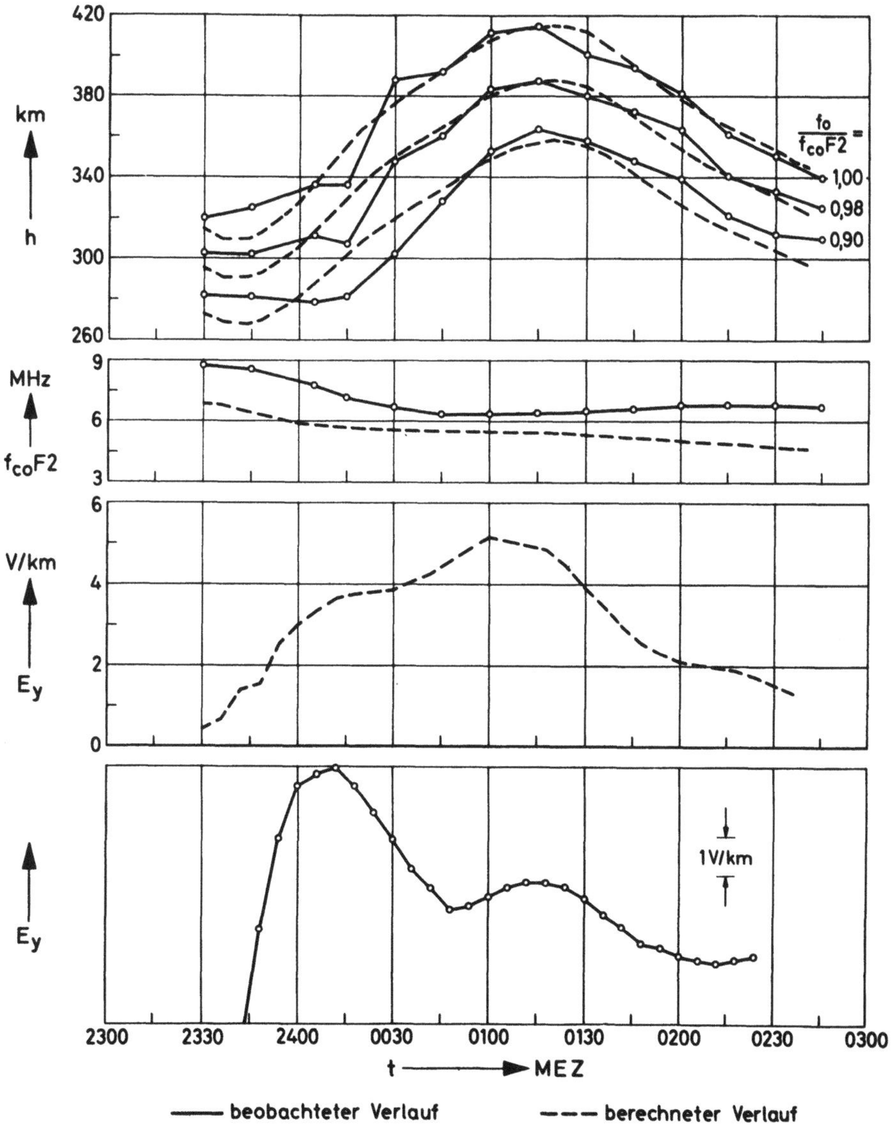

Abb. 17: Vergleich zwischen Beobachtung und Theorie

Von 20.00 - 21.00 h MEZ wurde das E - Feld so gewählt, daß die unter Umständen recht willkürli - chen Anfangsapproximationen in dieser Zeit stetig verbessert wurden, und daß die Höhen der verschiedenen Ionisationsniveaus bei Beginn der Baistörung gegen 21.00 h MEZ möglichst gut mit den Beobachtungen übereinstimmten. Die kurze Störung von 22.40 - 23.30 h MEZ, die sich, wie bereits erwähnt, in den Profiländerungen nicht äußert, wurde im beobachteten $E_y(t)$ - Verlauf nicht gezeichnet. Aufgrund der nicht genau bekannten Nullniveaus H_o und D_o (46) ist der beobachtete $E_y(t)$ - Verlauf ohne Absolutwerte angegeben worden. Abbildung 16 zeigt, daß es unter den beschriebenen Annahmen, Voraussetzungen und Verfahren möglich ist, die beobachtete Höhenvariation der verschiedenen Ionisationsniveaus theoretisch zu verstehen. Der Anfangszeitpunkt, der Anstieg, das Maximum und der Endzeitpunkt des beobachteten und berechneten E_y-Feldes stimmen recht gut überein. Der Abfall des beobachteten Feldes verläuft jedoch steiler. Der sich zu Beginn der Rechnungen von 20.00 h bis 21.00 h MEZ theoretisch ergebende schnellere Abfall der Grenzfrequenz als der beobachtete führt zu einer mehr oder weniger großen Verschiebung beider Kurven, deren Verlauf sonst jedoch ähnlich ist.

In Abbildung 17 sind die entsprechenden Größen für die zweite Baistörung von 23.30 bis 02.40 h MEZ dargestellt. Als Anfangsprofil um 23.30 h MEZ wurde die Elektronendichteverteilung der ersten Baistörung zu diesem Zeitpunkt gewählt. Daher bleibt die Verschiebung der Grenzfrequenzverläufe nahezu dieselbe. Die $E_y(t)$-Felder zeigen im Anstieg Differenzen, während der Anfangs- und Endzeitpunkt sowie der Abfall in recht guter Übereinstimmung stehen. Diese Diskrepanzen scheinen aber nicht in der Theorie zur Beschreibung der Dynamik der F-Schicht zu liegen, sondern eher in der recht ungenauen Bestimmung des die Bai verursachenden elektrischen Feldes. Denkt man sich etwa an der unteren Begrenzungslinie des beobachteten $E_y(t)$-Diagramms die Nullinie für dieses E-Feld, so stimmen in beiden Fällen die theoretisch errechneten und experimentell beobachteten Maximalwerte der Feldstärken, die die dargestellten Profiländerungen verursachen, recht gut überein. Diese Werte liegen auch in der von STUBBE [1966] und EISEMANN [1966] angegebenen Größenordnung. Die über die Höhe integrierten Leitfähigkeiten (47), die den Rechnungen zugrunde liegen, stimmen gut mit den von MAEDA [1955], KOHL [1960] und RÜSTER [1965] angegebenen überein. Die magnetischen Aufzeichnungen können außer dem Magnetfeld der lokalen Ströme auch noch Einflüsse aus einem größeren Gebiet enthalten (Abstand Tsumeb - Hermanus : 1500 km). Unter Berücksichtigung dieser Tatsache sei zum Schluß noch bemerkt, daß sich eine weiterführende Arbeit mit dem Zusammenhang zwischen erdmagnetischer Variation am Boden und tatsächlich wirkenden elektrischen Feld in der Ionosphäre beschäftigen sollte.

5.4. Fehlerdiskussion

Abschließend soll dem Vergleich zwischen Theorie und Experiment eine Diskussion der möglichen Fehlerquellen folgen. Die nach drei Gesichtspunkten aufgeteilte Diskussion wird sich nur mit den am wesentlichsten erscheinenden Fehlern beschäftigen, deren absolute Größe jedoch zum Teil nur sehr schwer oder auch gar nicht abgeschätzt werden kann.

1.) Mögliche Fehlerquellen in der Theorie und den dort gemachten Voraussetzungen :

Die Vernachlässigung der Elektronen in den vorangegangenen Rechnungen ist bei den sich ergebenden elektrischen Feldern äußerst niedriger Frequenz physikalisch keine starke Einschränkung. Der Grund ist - wie bereits erwähnt - das kleine Massenverhältnis $m_e/m_i \approx 10^{-5}$.

Nach DOUGHERTY [1961] kann das Neutralgas in vertikaler Richtung durch eine Plasmadrift nicht mitgenommen werden. Von vertikalen Neutralgasbewegungen infolge von zeitlichen Temperaturschwankungen wurde aufgrund der relativ kurzen Dauer erdmagnetischer Baistörungen abgesehen und generell $v_{zn} = 0$ gesetzt.

Horizontalgradienten der verschiedenen Variablen und der ionosphärischen Parameter wurden nicht berücksichtigt. Der Einfluß dieser Vernachlässigung ist nur schwer abzuschätzen. Möglicherweise sind diese Horizontalgradienten für die zum Teil auftretenden Differenzen im beobachteten und berechneten E_y-Verlauf verantwortlich. Nach KOHL et al. [1966] können Horizontalgradienten des Druckes zu Neutralgaswinden führen, die ihrerseits Plasmabewegungen verursachen und damit die durch die Baistörung hervorgerufenen Driften verändern.

Die in Kapitel 4.1 gemachte Annahme

$$\frac{dv_i}{dt} \ll c_i \; v_i \tag{24}$$

beschränkt die Anwendbarkeit der Gleichungen auf zeitlich langsam ablaufende Vorgänge, unter die auch erdmagnetische Baistörungen fallen, und verlangt Neutralgasdichten, die oberhalb einer gewissen Grenze liegen. Die Fehler können daher möglicherweise auch durch zu kleine Neutralgasdichten bzw. zu schnelle Änderungen hervorgerufen worden sein.

2.) Mögliche Fehlerquellen im numerisch-mathematischen Lösungsverfahren :

Das zur numerischen Lösung angewendete Verfahren von Galerkin stellt wie jedes numerische Verfahren eine Approximation der wahren Lösung dar. Erfüllen die n Ansatzfunktionen die in Kapitel 4.1 gemachten Voraussetzungen, so läßt sich zeigen, daß die numerische Lösung mit wachsendem n gegen die wahre Lösung konvergiert. In praxi erweist es sich jedoch als ausreichend mit $n = 2$ abzubrechen, vorausgesetzt, die Ansatzfunktionen sind bereits geeignet gewählt. Der dadurch verursachte Fehler läßt sich nur schwer angeben.

Proberechnungen ergaben, daß sich die Wirkung der Randbedingungen, die physikalisch nicht voll gerechtfertigt sind, in der Hauptsache nur auf die Lösungen in der Nähe des Randes beschränkt, und daß die wesentlichen Ergebnisse näherungsweise unabhängig von den Randbedingungen sind.

Die in diesem Teil genannten Fehlerquellen sind daher sicherlich gegen die im folgenden aufgezählten vernachlässigbar.

3.) Mögliche Fehlerquellen in übernommenen Resultaten andere Autoren und in Beobachtungsdaten :

Abbildung 11 zeigt die starke Abhängigkeit der Lösungen von S, d.h. vom jeweiligen Atmosphärenmodell. Den hier durchgeführten Rechnungen liegt das COSPAR - Modell [1965] zugrunde. Nach den Messungen von HEDIN und NIER [1966] zwischen 120 und 200 km ergeben sich in diesem Höhenintervall jedoch bis zu 50 % Abweichungen in der Gesamtdichte zum COSPAR - Modell [1965] . Da gerade die Dichten in z_o = 120 km (s. Kapitel 4.2) sehr wesentlich in das Atmosphärenmodell eingehen, wirkt sich dieser Fehler auch auf die gesamte Dichteverteilung aus.

Ähnliche Abweichungen zeigen sich auch in den Anlagerungskoeffizienten von RISHBETH [1964] und NISBET und QUINN [1963] .

Als Stoßzahl ν_{in} und damit als Diffusionskonstante D_a wurde ein Wert angenommen, der sich durch Mittelung über sechs verschiedene von STUBBE [1966] theoretisch berechnete Stoßzahlen ergibt.

Die magnetischen Registrierungen lassen nicht eindeutig erkennen, ob die Störungen $\Delta H(t)$ und $\Delta D(t)$ allein durch das E-Feld verursacht sind. Die magnetischen Aufzeichnungen, aus denen das die Schichtbewegung verursachende elektrische Feld bestimmt wird, können - wie bereits erwähnt - außer dem Magnetfeld der lokalen Ströme auch noch Einflüsse aus einer größeren Umgebung enthalten, die damit den ermittelten Feldstärkeverlauf verändern. Bei der numerischen Auswertung der Magnetogramme ist der Anfangs- und Endpunkt sowie das Nullniveau (H_o, D_o) der Störung nicht eindeutig zu bestimmen. Hier wäre - wie bereits erwähnt - ein Ansatzpunkt für weiterführende geomagnetische Untersuchungen gegeben.

Abschließend läßt sich jedoch sagen, daß die Lösungen trotz des Einflusses der diskutierten möglichen Fehler im Rahmen der erreichbaren Genauigkeit liegen. Der in Kapitel 5.3 durchgeführte Vergleich zwischen Experiment und Theorie zeigt, daß die beobachteten und berechneten E-Felder größenordnungsmäßig gut und der zeitliche Verlauf unter Berücksichtigung der obigen Fehlerdiskussion befriedigend übereinstimmen. Die angenommenen Leitfähigkeiten K_y und K_{xy} decken sich mit den von MAEDA [1955] und KOHL [1960] angegebenen.

6. Zusammenfassung

Die vorliegende Arbeit befaßt sich in Fortsetzung der Untersuchungen von RÜSTER [1965] mit dem dynamischen Verhalten der F-Schicht unter dem Einfluß eines zeitlich veränderlichen elektrischen und eines konstanten magnetischen Feldes.

Das diese Vorgänge beschreibende Gleichungssystem, das sich aus der nichtstationären Kontinuitätsgleichung und zwei Bewegungsgleichungen für das Neutralgas zusammensetzt, wird im einzelnen unter bestimmten Voraussetzungen abgeleitet. Dieses Gleichungssystem besteht unter Berücksichtigung der inneren Reibung aus drei gekoppelten, nichtlinearen partiellen Differentialgleichungen 1. Ordnung in der Zeit und 2. Ordnung im Ort.

Mit Hilfe des näher diskutierten Verfahrens von Galerkin wird das Differentialgleichungssystem numerisch gelöst.

Anhand der Ergebnisse läßt sich quantitativ die Entstehung von Neutralgaswinden durch Ionisationsbewegungen und die Wechselwirkung zwischen diesen beiden zeigen. Die Abhängigkeit der Lösungen von verschiedenen ionosphärischen Parametern wird im einzelnen diskutiert. - Am Beispiel zweier erdmagnetischer Baistörungen werden die theoretisch und experimentell gewonnenen Ergebnisse verglichen. Aus der beobachteten magnetischen Störung und unter bestimmten Annahmen über die Leitfähigkeit der Ionosphäre läßt sich das elektrische Feld bestimmen, das als Ursache der erdmagnetischen Baistörung angesehen wird. Der Vergleich zeigt, daß durch elektromagnetische Kräfte hervorgerufene Bewegungsvorgänge der F-Schicht mit der behandelten Theorie befriedigend beschrieben werden können. Die Stärke der elektrischen Felder von etwa 5 V/km stimmt mit der von anderen Autoren angegebenen gut überein [STUBBE 1966 und EISEMANN 1966]. Die den Rechnungen zugrunde liegenden Leitfähigkeiten K_y und K_{xy} werden durch ähnliche Untersuchungen von KOHL [1960] und RÜSTER [1965] im Rahmen der Genauigkeit bestätigt.

Bei der abschließenden Fehlerdiskussion wird u. a. auf die Möglichkeit eingegangen, daß die am Erdboden gemessenen magnetischen Störungen nicht allein durch ein elektrisches Feld in der Ionosphäre verursacht sein könnten. Außerdem wird auf den Einfluß horizontaler Druckgradienten auf die Vertikalbewegungen der Schicht hingewiesen. Diese Bemerkungen, die die stellenweise auftretenden Differenzen im zeitlichen Verlauf des beobachteten und des berechneten E-Feldes erklären können, mögen Ansatzpunkte für weiterführende Untersuchungen sein.

Summary

The present paper carries on the investigations by RÜSTER [1965]. It describes the dynamical behavior of the F-layer under the influence of a time dependent electric field and a constant magnetic field.

The equations describing these phenomena are the non stationary continuity equation and two equations of motion for the neutral gas. This system of equations is derived in detail under additional conditions. If viscosity is included it consists of three coupled non linear partial differential equations of first order in time and second order in space coordinates.

The system of differential equations is solved numerically by means of the method of Galerkin which is discussed in detail.

It is shown that movements of ionized particles produce neutral air winds which again react upon the movement of the ionization. It is discussed to which extent the numerical results depend on different ionospheric parameters. For two geomagnetic bay-disturbances the theoretically derived results are compared with the observed ones. It is assumed that the geomagnetic disturbance is caused by an electric field. This electric field may be determined from the observed magnetic disturbance under additional assumptions about the conductivity. Comparing the results it is shown that the movement of the F-layer caused by electromagnetic forces may be described sufficiently by the above mentioned theory. The strength of the electric fields of about 5 V/km agrees very well with that mentioned by other authors [STUBBE 1966 and EISEMANN 1966]. The conductivities K_y and K_{xy} which are used as a basis for the calculations are confirmed by similiar investigations by KOHL [1960] and RÜSTER [1965].

In the final discussion of possible erros it is pointed to the possibility that the magnetic disturbances recorded at the ground may not only be caused by an electric field in the ionosphere. Moreover, attention is drawn to the influence of horizontal pressure gradients on vertical movements of the layer. This may explain the differences sometimes occurring between the observed and the calculated course of the time dependent E-Field. These problems may be the starting point for further detailed investigations.

Die vorliegenden Untersuchungen wurden am Max-Planck-Institut für Aeronomie, Institut für Ionosphärenphysik, in Lindau/Harz durchgeführt. Herrn Prof. Dr. W. Dieminger, dem Direktor des Instituts, möchte ich für das Gewähren einer Arbeitsmöglichkeit danken. Herrn Dr. W. Becker, der diese Arbeit anregte, und Herrn Dr. H. Kohl gebührt mein Dank für wertvolle Hinweise und Diskussionen; nicht zuletzt bin ich der Deutschen Forschungsgemeinschaft zu Dank verpflichtet, daß sie durch die Göttinger Rechenanlage die Durchführung der umfangreichen Rechnungen ermöglichte.

7. Anhang

Diskussion weiterer Lösungsverfahren

Zu diesem Zweck wird das Differentialgleichungssystem (14) unter Berücksichtigung folgender Substitutionen und Identitäten

$$\underline{v}_i = \{ v_{xi}, v_{yi}, v_{zi} \} = \{ u^{(1)}, u^{(2)}, u^{(3)} \} , \quad N_i = u^{(4)} ,$$

$$\underline{v}_n = \{ v_{xn}, v_{yn}, 0 \} = \{ u^{(5)}, u^{(6)}, 0 \} ,$$

$$\frac{du^{(i)}}{dt} = \frac{\partial u^{(i)}}{\partial t} + u^{(3)} \frac{\partial u^{(i)}}{\partial z} = u_t^{(i)} + u^{(3)} u_z^{(i)}$$

auf die übersichtlichere Form (48) gebracht :

$$\begin{aligned}
u_t^{(1)} + u^{(3)} u_z^{(1)} &= R^{(1)} \\
u_t^{(2)} + u^{(3)} u_z^{(2)} &= R^{(2)} \\
u_t^{(3)} + u^{(3)} u_z^{(3)} + \frac{\alpha(z)}{u^{(4)}} u_z^{(4)} &= R^{(3)} \\
u_t^{(4)} + u^{(3)} u_z^{(4)} + u^{(4)} u_z^{(3)} &= R^{(4)} \\
u_t^{(5)} &= R^{(5)} \\
u_t^{(6)} &= R^{(6)} .
\end{aligned} \qquad (48)$$

Die rechten Seiten $R^{(i)} = R^{(i)} (u^{(j)}, z, t)$ sind nur Funktionen der 6 abhängigen Variablen $u^{(j)}$ und der 2 unabhängigen z und t.

Bei der Beschreibung des Charakteristiken- und des Quasicharakteristikenverfahrens und bei den Ähnlichkeitslösungen ist in dem betrachteten System (48) die innere Reibung der Neutralgasteilchen (d.h. die 2. Ortsableitung) vernachlässigt. Es liegt daher ein Anfangswertproblem in der Zeit t und im Ort z vor.

1. Charakteristikenverfahren

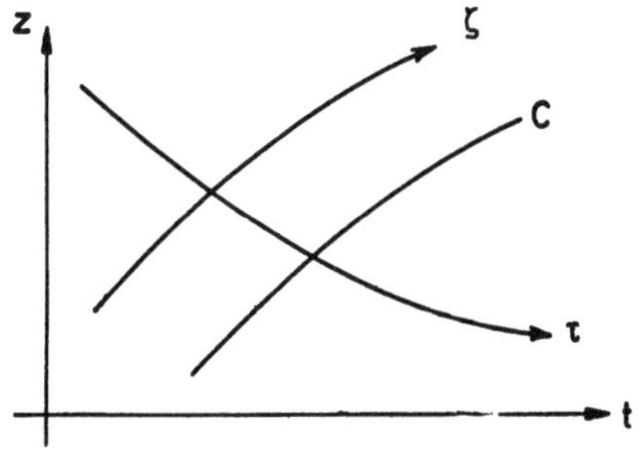

Auf C seien die Funktionen $u^{(1)}, \ldots, u^{(6)}$ gegeben. Gesucht sind ihre Werte in der Umgebung von C. Anstelle der unabhängigen Variablen z, t werden ζ und τ als neue Veränderliche eingeführt (mit $\frac{\partial(\zeta, \tau)}{\partial(z, t)} \neq 0$). Das Differentialgleichungssystem (48) geht dann über in :

$$
\begin{aligned}
u_\tau^{(1)}(\tau_t + u^{(3)}\tau_z) &= R^{(1)} - u_\zeta^{(1)}(\zeta_t + u^{(3)}\zeta_z)\\
u_\tau^{(2)}(\tau_t + u^{(3)}\tau_z) &= R^{(2)} - u_\zeta^{(2)}(\zeta_t + u^{(3)}\zeta_z)\\
u_\tau^{(3)}(\tau_t + u^{(3)}\tau_z) + u_\tau^{(4)}\left(\frac{\alpha(z)}{u^{(4)}}\tau_z\right) &= R^{(3)} - u_\zeta^{(3)}(\zeta_t + u^{(3)}\zeta_z) - u_\zeta^{(4)}\left(\frac{\alpha(z)}{u^{(4)}}\zeta_z\right)\\
u_\tau^{(4)}(\tau_t + u^{(3)}\tau_z) + u_\tau^{(3)}(u^{(4)}\tau_z) &= R^{(4)} - u_\zeta^{(4)}(\zeta_t + u^{(3)}\zeta_z) - u_\zeta^{(3)}(u^{(4)}\zeta_z)\\
u_\tau^{(5)}\tau_t &= R^{(5)} - u_\zeta^{(5)}\zeta_t\\
u_\tau^{(6)}\tau_t &= R^{(6)} - u_\zeta^{(6)}\zeta_t\,.
\end{aligned}
\tag{49}
$$

Die Charakteristikenbedingung [COLLATZ 1959, COURANT und HILBERT 1937] für (49) lautet dann :

$$
\Delta = \begin{vmatrix}
\tau_t + u^{(3)}\tau_z & 0 & 0 & 0 & 0 & 0\\
0 & \tau_t + u^{(3)}\tau_z & 0 & 0 & 0 & 0\\
0 & 0 & \tau_t + u^{(3)}\tau_z & \frac{\alpha}{u^{(4)}}\tau_z & 0 & 0\\
0 & 0 & u^{(4)}\tau_z & \tau_t + u^{(3)}\tau_z & 0 & 0\\
0 & 0 & 0 & 0 & \tau_t & 0\\
0 & 0 & 0 & 0 & 0 & \tau_t
\end{vmatrix} = 0\,. \tag{50}
$$

Gleichung (50) führt auf die gesuchten Richtungstangens $\mathrm{tg}\,\gamma = -\frac{\tau_t}{\tau_z}$ der Charakteristiken :

$$
\begin{aligned}
\mathrm{tg}\,\gamma_1 &= 0,\\
\mathrm{tg}\,\gamma_2 &= u^{(3)},\\
\mathrm{tg}\,\gamma_3 &= u^{(3)} + \sqrt{\alpha}\;,\\
\mathrm{tg}\,\gamma_4 &= u^{(3)} - \sqrt{\alpha}\;.
\end{aligned}
$$

Eine Kurve $\zeta\,(z,\,t) = \mathrm{const}$, längs derer Δ verschwindet, heißt Charakteristik. Längs dieser Charakteristiken besteht aufgrund der Gleichung (50) eine bestimmte Beziehung zwischen den Funktionen $u^{(1)},\dots,u^{(6)}$. Diese Relationen, die auf den verschiedenen Kurven $\zeta = \mathrm{const}$, $\tau = \mathrm{const}$ gelten, hängen - bei ursprünglich zwei unabhängigen Veränderlichen - nur noch von einem auf diesen Charakteristiken eingeführten Parameter ab. Um von einem bestimmten Punkt der z-t-Ebene bzw. ζ-τ-Ebene ausgehend die Lösungen $u^{(1)},\dots,u^{(6)}$ in einem benachbarten Punkt zu erhalten, hat man den Punkt längs verschiedener Charakteristiken zu erreichen. Das aber heißt mathematisch, daß man unter den hier gemachten Annahmen nur noch ein gewöhnliches Differentialgleichungssystem zu lösen hat.

Dieses Verfahren führt jedoch, auf (48) bzw. (49) angewandt, nicht zum Ziel, da die Anzahl der sich ergebenden charakteristischen Richtungen nicht mit der Anzahl der abhängigen Funktionen übereinstimmt. Das heißt allgemeiner gesagt, daß das System (48) hyperbolisch im weiteren Sinne ist, und das Verfahren nur auf total hyperbolische Systeme angewendet werden kann, d.h. auf solche, deren charakteristische Richtungen alle reell und verschieden sind.

2. Quasicharakteristikenverfahren

Im gleichen Zusammenhang soll noch eine Methode zur numerischen Lösung von Anfangswertproblemen für quasilineare partielle Differentialgleichungssysteme der 1. Ordnung [ALBRECHT und URICH 1962] kurz erwähnt werden.

Die i-te Gleichung des zu lösenden Systems (48) wird in der Form geschrieben :

$$\sum_{\nu=o}^{n} \sum_{k=1}^{m} a_k^{i\nu} (t, z, u) \frac{\partial u^k}{\partial x^\nu} = \sum_{k=1}^{6} a_k^{io} (t, z, u) \frac{\partial u^k}{\partial t} + \sum_{k=1}^{6} a_k^{i1} (t, z, u) \frac{\partial u^k}{\partial z} = b^i (t, z, u), \tag{51}$$

wobei $x^o \triangleq t$, $x^1 \triangleq z$; $\quad i = 1,.., 6$, $n = 1$, $m = 6$.

In Matritzenform lautet (51) :

$$A_k^{io} \left(\frac{\partial u^k}{\partial t}\right) + A_k^{i1} \left(\frac{\partial u^k}{\partial z}\right) = B^i \tag{52}$$

mit
$$\left(\frac{\partial u^k}{\partial t}\right) = \left\{ \frac{\partial u^1}{\partial t}, \ldots, \frac{\partial u^6}{\partial t} \right\}.$$

Außer der zweifachen stetigen Differenzierbarkeit der Funktionen $u^k(t, z)$ wird vorausgesetzt, daß auch die $a_k^{i\nu} (t, z, u)$ sowie die $b^i(t, z, u)$ stetig differenzierbar sind, die Determinante der Matrix $A_k^{io} \neq 0$ ist, und daß der Quotient

$$\sum_{\nu=o}^{1} \frac{a_k^{i\nu} (t, z, u)}{a_k^{io} (t, z, u)} = \sum_{\nu=o}^{1} f_{ik}^\nu (t, z, u) \tag{53}$$

für jedes feste i, k existiert. Die letzte Bedingung läßt sich, wenn det $A_k^{io} \neq 0$ ist, immer durch Transformation des Systems mittels einer Matrix T_{ik} (det $T_{ik} \neq 0$) erreichen. Damit läßt sich (52) in der Form schreiben :

$$A_k^{io} \left(\frac{du^k}{dt}\right)_{(ik)} = B^i \quad , \quad \text{(i, k fest)}, \tag{54}$$

wobei gilt :
$$\left(\frac{du^k}{dt}\right)_{(ik)} = \sum_{\nu=o}^{1} f^\nu{}_{(ik)} (t, z, u) \frac{\partial u^k}{\partial x^\nu} = f^o_{(ik)} \frac{\partial u^k}{\partial t} + f^1_{(ik)} \frac{\partial u^k}{\partial z} .$$

Die $f^\nu{}_{(ik)} (t, z, u)$ können dabei als Richtungsableitung

$$\sum_{\nu=o}^{1} \frac{dx^\nu}{dt} = \sum_{\nu=o}^{1} f^\nu{}_{(ik)} (t, z, u) \tag{55}$$

aufgefaßt werden. Eine Integralkurve $x^\nu{}_{(ik)} (t, \tau, \zeta)$ von (55) für ein vorgegebenes u^k, die durch den Punkt (τ, ζ) geht, heißt Quasicharakteristik. Das System (54) wird zur numerischen Lösung in ein Differenzen-Gleichungssystem umgeschrieben.

$$A_k^{io} \left(\frac{\Delta u^k}{\Delta t}\right) = A_k^{io} \left(\frac{u^k(\tau, \zeta) - u^k(t, X_{(ik)})}{\tau - t}\right) = B^i \tag{56}$$

mit $X_{(ik)} = \zeta - f_{(ik)}(t, \zeta, u^k(t, \zeta)) \; (\tau - t)$, (s. 55) .

Bei der schrittweisen Lösung von (54) bewegt man sich daher in der z-t-Ebene längs der durch (53) gegebenen Quasicharakteristiken. Zur numerischen Auflösung des Gleichungssystems (48) bzw. (49) wurde das oben kurz erläuterte Quasicharakteristikenverfahren für die Rechenanlagen IBM 7040 und IBM 7090 programmiert. Die Rechnungen ergaben, daß die zur Konvergenz des Verfahrens notwendige Schrittweite $\Delta t = \tau - t$ so klein gewählt werden mußte, daß die dann erforderliche Rechenzeit zu lang geworden wäre. Die physikalische Ursache ist die Gyrokreisfrequenz der Ionen $\omega_i = e\ B/m_i$, die etwa 200 Hz beträgt, so daß die erforderliche Zeitschrittweite kleiner als 1/200 Sekunde sein muß.

3. Verfahren zur Auffindung von Ähnlichkeitslösungen

Das Verfahren zur Auffindung von Ähnlichkeitslösungen partieller Differentialgleichungssysteme [MÜLLER und MATSCHAT 1962] geht davon aus, einen Ansatz zu finden, bei dem die abhängigen Veränderlichen von einer unabhängigen Variablen weniger abhängen als das betrachtete Differentialgleichungssystem enthält. So einen Ansatz, der die neuen abhängigen und unabhängigen Variablen als Funktionen der alten darstellt, nennt man Ähnlichkeitsansatz. Die mit Hilfe dieses Ansatzes gewonnene Lösung nennt man Ähnlichkeitslösung. Um Ähnlichkeitslösungen zu finden, hat man gewisse Transformationsgruppen zu bestimmen, die das betrachtete Differentialgleichungssystem invariant lassen. In der oben zitierten Arbeit wird ein Verfahren beschrieben, mit dem man alle Transformationsgruppen mit dieser Eigenschaft bestimmen kann. Aus jeder solchen Gruppe lassen sich dann neue Ähnlichkeitsvariable angeben. Das auf diese neuen abhängigen und unabhängigen Variablen transformierte System hängt dann von einer unabhängigen Veränderlichen weniger ab und ist damit einfacher integrierbar.

Bei der Bestimmung der Transformationsgruppen, die das vorgelegte System (48) invariant lassen, müssen jedoch bestimmte zusätzliche Annahmen über verschiedene auftretende Funktionen (z.B.: Zeitabhängigkeit des E-Feldes, Höhenabhängigkeit der atmosphärischen Parameter usw.) gemacht werden, um überhaupt Lösungen und damit Ähnlichkeitsvariable zu erhalten. Unter den allgemeinen Voraussetzungen konnten keine Transformationsgruppen gefunden werden. Die notwendigen, zusätzlichen Annahmen waren jedoch zu einschränkend, so daß auch dieses Verfahren nicht zur Lösung des Systems (48) unter den gemachten, allgemeinen Voraussetzungen herangezogen werden kann.

Literaturverzeichnis

ALBRECHT, R. and W. URICH : Numerical Treatment of the Initial Value Problem for Systems of Quasilinear Partial Differential Equations of First Order. - Numerische Mathematik 4, 253-261, 1962

BECKER, W. : New methods and some results concerning true ionospheric height calculations. - Res. Rep. EE 361, Univ. Ithaca, N.Y., 32, 1958

BECKER, W. : Die allgemeinen Verfahren der Station Lindau/Harz zur Bestimmung der wahren Verteilung der Elektronendichte in der Ionosphäre. - A.E.Ü. 13, 373-382, 1959

BECKER, W. : Vertikale Bewegungsvorgänge in der nächtlichen Ionosphäre. - A.E.Ü. 15, 569-577, 1961

COLLATZ, L. : The Numerical Treatment of Differential Equations. - Springer - Verlag, Berlin-Göttingen-Heidelberg, 1959

COSPAR WORKING GROUP IV : COSPAR International Reference Atmosphere 1965, CIRA 1965. - North-Holland Publishing Company, Amsterdam, 1965

COURANT, R. und D. HILBERT : Methoden der mathematischen Physik. - Verlag von Julius Springer, Berlin, 1937

DALGARNO, A. and F. J. SMITH : The thermal conductivity and viscosity of atomic oxygen. - Planet. Space Sci. 9, 1-2, 1962

DOUGHERTY, J. P. : On the influence of horizontal motion of the neutral air on the diffusion equation of the F-region. - J. Atmosph. Terr. Phys. 20, 167-176, 1961

EISEMANN, E. : Der nächtliche Anstieg der Ionosphäre, seine Synopsis und Deutung. - Kleinheubacher Berichte 11, 17-21, 1966

HANSON, W. B. and T. N. L. PATTERSON : The maintenance of the night-time F-layer. - Planet. Space Sci. 12 (II), 979-997, 1964

HEDIN, A. E. and A. O. NIER : A Determination of the Neutral Composition, Number Density, and Temperature of the Upper Atmosphere from 120 to 200 Kilometers with Rocket-Borne Mass Spectrometers. - J. Geophys. Res. 71 (17), 4121-4131, 1966

KAMIYAMA, H. : Ionospheric Changes associated with Geomagnetic Bays. - Scien. Rep. Tôhoku Univ. 7, 125-135, 1956

KANTOROWITSCH, L. W. und W. I. KRYLOW : Näherungsmethoden der höheren Analysis. - VEB Deutscher Verlag der Wissenschaften, Berlin 1956

KING, J. W. and H. KOHL : Upper atmospheric winds and ionospheric drifts caused by neutral air pressure gradients. - Nature 206, 699-701, 1965

KOHL, H. : Bewegungen der F-Schicht der Ionosphäre bei erdmagnetischen Bai-Störungen. - A.E.Ü. 14, 169-176, 1960

KOHL, H. and J. W. KING : Atmospheric Winds between 100 and 700 km and their Effects on the Ionosphere. - Radio and Space Research Station, Slough, England, 1966

MAEDA, K. : Theoretical Study on the Geomagnetic Distortion in the F2-Layer. - Rep. Ionosph. Res. Japan 9, 71-85, 1955

MARTYN, D. F. : The morphology of the ionospheric variations associated with magnetic disturbance. - Proc. Roy. Soc. London A 218, 1-18, 1953

MÜLLER, E. A. und K. MATSCHAT : Über das Auffinden von Ähnlichkeitslösungen partieller Differentialgleichungssysteme unter Benutzung von Transformationsgruppen, mit Anwendungen auf Probleme der Strömungsphysik. - Miszellaneen der Angewandten Mechanik, 190-222, 1962

NISBET, J. S. and T. P. QUINN : The Recombination Coefficient of the Nighttime F Layer. - J. Geophys. Res. 68, 1031-1038, 1963

RISHBETH, H. and D. W. BARRON : Equilibrium electron distribution in the ionospheric F2-layer. - J. Atmosph. Terr. Phys. 18, 234-252, 1960

RISHBETH, H. : A time varying model of the ionospheric F2-layer. - J. Atmosph. Terr. Phys. 26, 657-685, 1964

RÜSTER, R. : Height variations of the F2-layer above Tsumeb during geomagnetic bay-disturbances. - J. Atmosph. Terr. Phys. 27, 1229-1245, 1965

STUBBE, P. : Theoretische Beschreibung des Verhaltens der nächtlichen F-Schicht. - Mitteilungen aus dem Max-Planck-Institut für Aeronomie 26, 1966

WEIZEL, W. : Lehrbuch der theoretischen Physik. - Springer-Verlag, Berlin-Göttingen-Heidelberg, 1955

WILLERS, F.A. : Methoden der praktischen Analysis. - Walter de Gruyter + Co., Berlin, 1957

ZURMÜHL, R. : Praktische Mathematik für Ingenieure und Physiker. - Springer - Verlag, Berlin-Göttingen-Heidelberg, 1963

Verzeichnis der Mitteilungen aus dem Max-Planck-Institut für Physik der Stratosphäre

---

Nr. 1/1953 Über den Beitrag der von μ - Mesonen angestoßenen Elektronen zu den Ultrastrahlungsschauern unter Blei. G. Pfotzer

Nr. 2/1954 Ein Zählrohrkoinzidenzgerät zur Registrierung der kosmischen Ultrastrahlung. A. Ehmert

Eine einfache Methode zur Einstellung und Fixierung des Expansionsverhältnisses von Nebelkammern. G. Pfotzer

Nr. 3/1954 Optische Interferenzen an dünnen, bei -190^{0}C kondensierten Eisschichten. Erich Regener (vergriffen)

Nr. 4/1955 Über die Messung der Temperatur des atmosphärischen Ozons mit Hilfe der Huggins-Banden. H. Zschörner und H. K. Paetzold

Nr. 5/1956 Ein neuer Ausbruch solarer Ultrastrahlung am 23. Februar 1956. A. Ehmert und G. Pfotzer, vergriffen (erschienen Z. Naturforschung 11a, 322, 1956)

Nr. 6/1956 Das Abklingen der solaren Ultrastrahlung beim Ausbruch am 23. Februar 1956 und die geomagnetischen Einfallsbedingungen. A. Ehmert und G. Pfotzer

Nr. 7/1956 Die Impulsverteilung der solaren Ultrastrahlung in der Abklingphase des Strahlungseinbruches am 23. Februar 1956. G. Pfotzer

Nr. 8/1956 Die atmosphärischen Störungen und ihre Anwendung zur Untersuchung der unteren Ionosphäre. K. Revellio

Nr. 9/1956 Solare Ultrastrahlung als Sonde für das Magnetfeld der Erde in großer Entfernung. G. Pfotzer

*

Die vorstehenden Hefte können beim Max-Planck-Institut für Aeronomie, 3411 Lindau angefordert werden.

Mitteilungen aus dem Max-Planck-Institut für Aeronomie

Nr. 1 (S) Waibel: Messungen von Primärteilchen der kosmischen Strahlung.

Nr. 2 (S) Erbe: Auswirkung der Variationen der primären kosmischen Strahlung auf die Mesonen- und Nukleonenkomponente am Erdboden.

Nr. 3 (I) Kohl: Bewegung der F-Schicht der Ionosphäre bei erdmagnetischen Bai-Störungen.

Nr. 4 (I) Becker: Tables of ordinary and extraordinary refractive indices, group refractive indices and $h'_{o,x}(f)$-curves or standard ionospheric layer models.

Nr. 5 (S) Schröpl: Über eine Neubestimmung des Absorptionskoeffizienten von Ozon im Ultraviolett bei kleinen Konzentrationen.

Nr. 6 (S) Erbe: Ergebnisse der Ballonaufstiege zur Messung der kosmischen Strahlung in Weissenau und Lindau.

Nr. 7 (S) Meyer: Elektromagnetische Induktion eines vertikalen magnetischen Dipols über einem leitenden homogenen Halbraum.

Nr. 8 (I u. S) Dieminger und Mitarb.: Die geophysikalischen Ereignisse des 12. - 14. November 1960.

Nr. 9 (S) Pfotzer, Ehmert, and Keppler: Time Pattern of Ionizing Radiation in Balloon Altitudes in High Latitudes. Part A, Text; Part B, Figures and Diagrams.

Nr. 10 (S) Waibel: Eine Ballonsonde zur Messung von Röntgenstrahlung und solarer Ultrastrahlung.

Nr. 11 (S) Voelker: Zur Breitenabhängigkeit erdmagnetischer Pulsationen.

Nr. 12 (S) Jaeschke: Registrierung von Pulsationen im südlichen Niedersachsen als Beitrag zur erdmagnetischen Tiefensondierung.

Nr. 13 (S) Meyer: Elektromagnetische Induktion in einem leitenden homogenen Zylinder durch äußere magnetische und elektrische Wechselfelder.

Nr. 14 (S) Kremser: Über den Zusammenhang zwischen Röntgenstrahlungs-Ausbrüchen in der Polarlichtzone und bayartigen erdmagnetischen Störungen.

Nr. 15 (S) Keppler: Messung von Röntgenstrahlung und solaren Protonen mit Ballongeräten in der Nordlichtzone.

Nr. 16 (S) Kirsch: Die Anisotropien der kosmischen Strahlung.

Nr. 17 (S) Guilino: Ausbau eines Wechsellichtmonochromators und seine Anwendung zur Messung des Luftleuchtens während der Dämmerung und in der Nacht.

Nr. 18 (S) Pfotzer and Ehmert: Measurements of High Energetic Auroral Radiations with Balloon-Borne Detectors in 1962 and 1963 Part A to C, Text; Part D, Figures and Diagrams.

Nr. 19 (I) Hartmann: Bestimmung wichtiger Satellitenpositionen mit Hilfe graphischer Darstellungen.

Nr. 20 (S) Keppler: Über die Eigenschaften von Zählrohren und Ionisationskammern in verschiedenartigen Strahlungsfeldern. - Zur Interpretation von Röntgenstrahlungsmessungen in Ballonhöhe in der Nordlichtzone.

Nr. 21 (S) Siebert: Zur Theorie erdmagnetischer Pulsationen mit breitenabhängigen Perioden.

Nr. 22 (S) Meyer: Zur 27 täglichen Wiederholungsneigung der erdmagnetischen Aktivität, erschlossen aus den täglichen Charakterzahlen C 8 von 1884-1964.

Nr. 23 (S) Frisius: Über die Bestimmung von Längstwellen - Ausbreitungsparametern aus Feldstärkemessungen am Erdboden.

Nr. 24 (I) Ma: Einfluß der erdmagnetischen Unruhe auf den brauchbaren Frequenzbereich im Kurzwellen-Weitverkehr am Rande der Nordlichtzone.

Nr. 25 (S) Kremser, Keppler, Bewersdorff, Saeger, Ehmert, Pfotzer, Riedler, Legrand: X - Ray Measurements in the Auroral Zone from July to October 1964.

Nr. 26 (I) Stubbe: Theoretische Beschreibung des Verhaltens der nächtlichen F - Schicht.

Nr. 27 (S) Wilhelm: Registrierung und Analyse erdmagnetischer Pulsationen der Polarlichtzone, sowie ein Vergleich mit Bremsstrahlungsmessungen.

Nr. 28 (S) Fabian: Über eine neue Ozonradiosonde und Untersuchung von Lufttransporten in der unteren Stratosphäre.

Nr. 29 (S) Specht: Über die Absorptions- und Emissionsstrahlung der atmosphärischen Ozonschicht bei der Wellenlänge 9,6 μ.

Nr. 30 (I) Rose und Widdel: Ein Meßgerät zur Bestimmung der Strömungsgeschwindigkeit in kurzen Rohren (Ionenzählern) bei niedrigem Gasdruck.

Nr. 31 (I) Hartmann: Die Amplitudenregistrierungen des Satelliten Explorer 22, unter besonderer Berücksichtigung der Effekte, die bei Elevationswinkeln kleiner als 45° auftreten.

MIX
Papier aus verantwortungsvollen Quellen
Paper from responsible sources
FSC® C105338

If you have any concerns about our products,
you can contact us on
ProductSafety@springernature.com

In case Publisher is established outside the EU,
the EU authorized representative is:
Springer Nature Customer Service Center GmbH
Europaplatz 3, 69115 Heidelberg, Germany

Printed by Libri Plureos GmbH
in Hamburg, Germany